发电生产"1000个为什么"系列书

# 风电场运行知识
# 1000问

单志栩　编著

中国电力出版社
CHINA ELECTRIC POWER PRESS

# 内 容 提 要

为进一步提升风力发电机组运维人员的职业技术技能水平，按照"无人值班、少人值守、集中监控、智慧运维"的发展方向，采用技术问答的形式编写了此书，便于相关技术人员认知、培训、提升、考核。本书主要包括基础知识、电气一次系统、电气二次系统、运行操作、故障分析等内容。

本书内容丰富，简单易懂，实践性强。本书既可作为风电行业新入职员工、安全管理人员、风电场运维人员培训教材使用，又可作为普通高等院校开展培训实习，发电企业进行职业技能鉴定及相关培训不可或缺的生产技术教材。

**图书在版编目（CIP）数据**

风电场运行知识 1000 问/单志栩编著 . —北京：中国电力出版社，2020.4
(2023.4 重印)
（发电生产"1000 个为什么"系列书）
ISBN 978-7-5198-4484-4

I. ①风… II. ①单… III. ①风力发电—发电厂—问题解答 IV. ①TM614-44

中国版本图书馆 CIP 数据核字（2020）第 044006 号

出版发行：中国电力出版社
地　　址：北京市东城区北京站西街 19 号（邮政编码 100005）
网　　址：http://www.cepp.sgcc.com.cn
责任编辑：郑艳蓉　韩世韬　孙建英（010-63412369）　霍　妍
责任校对：黄　蓓　朱丽芳　常燕昆
装帧设计：张俊霞　赵姗姗
责任印制：吴　迪

印　　刷：北京雁林吉兆印刷有限公司
版　　次：2020 年 4 月第一版
印　　次：2023 年 4 月北京第二次印刷
开　　本：880 毫米×1230 毫米　32 开本
印　　张：10.25
字　　数：249 千字
印　　数：1501—2500 册
定　　价：45.00 元

# 前　言

　　截至 2019 年 6 月底，我国风电装机容量已达 1.932 亿 kW，占全国总装机容量的 10.5%。随着全国大部分省份实现了风电电量正增长，风电渐渐成为反映国民经济电力运行某一方面的"晴雨表"。为此，保障风电安全、稳定、经济运行显得尤为重要。为进一步提高风电场运维人员的职业技能，本书编者从理论联系实践角度出发，对风电相关标准、风电专业知识进行了收集，并对理论知识、相关设备操作及事故处理等进行了汇总。

　　本书主要包括基础知识、电气一次系统、电气二次系统、运行操作、故障分析等内容。本书以技术问答的形式编写，以便各单位在开展岗位培训和技术考核时使用。

　　本套丛书以实际操作技能为主线，将专业理论与生产实践紧密结合，凸显了我国当前风电发展水平。本套丛书是普通高等院校开展培训实习，发电企业进行职业技能鉴定及相关培训不可或缺的生产技术教材。编者希望通过本套丛书的出版，方便发电企业更好地服务电网，服务万家灯火。

　　由于时间有限，书中难免有不妥之处，敬请读者批评指正。

编　者

2019 年 12 月

发电生产"1000个为什么"系列书

风电场运行知识1000问

# 目　录

3

25

# 第一章

# 基 础 知 识

**1-1 简述风力发电的原理。**

**答：**风力发电的原理是利用风力带动风车叶片旋转，再通过增速机将旋转的速度提升推动发电机发电。依据目前的风车技术，3.4～5.4m/s 的微风速度（微风的程度）便可以开始发电。

**1-2 简述风力发电机组的构成。**

**答：**风力发电所采用的装置，称作风力发电机组。这种风力发电机组大体上可分风轮（包括尾舵）、发电机和铁塔三部分。

**1-3 什么是风力发电机组的切入风速？**

**答：**风力发电机开始发电时，轮毂高度处的最低风速叫切入风速。

**1-4 什么是风力发电机组的额定风速？**

**答：**风力发电机达到额定功率输出时规定的风速叫额定风速。

**1-5 什么是风力发电机组的扫掠面积？**

**答：**风力发电机组的叶轮旋转时叶尖运动所生成圆的投影面积称为扫掠面积。

**1-6 简述风力发电机组的机舱构成。**

**答：**机舱是设在水平轴风力发电机组顶部内装有传动和其他装置的机壳，包括齿轮箱、发电机。维护人员可以通过风电机塔进入机舱。

**1-7 风力发电机组的接地电阻测试周期是如何规定的？**

**答：**风力发电机组的接地电阻应每年测试一次。

**1-8 什么是风力发电机组风轮的叶尖速比？**

答：风力发电机组风轮的叶尖速比是风轮的叶尖速度和设计风速之比。

**1-9 什么是风力发电机组的功率曲线？**

答：风力发电机的功率曲线是表示风力发电机的净电输出功率和轮毂高度处风速的函数关系。

**1-10 什么是风力发电机组的极大风速？**

答：瞬时风速的最大值称为极大风速。

**1-11 什么是风力发电机组的最大功率？**

答：正常工作条件下，风力发电机组输出的最高净电功率称为最大功率。

**1-12 国家标准中规定的"downwind"指什么？**

答：在国家标准中规定，使用"downwind"来表示主风方向。

**1-13 国家标准中规定的"pitch angle"指什么？**

答：在国家标准中规定，使用"pitch angle"来表示桨距角。

**1-14 国家标准中规定的"wind turbine"指什么？**

答：在国家标准中规定，使用"wind turbine"来表示风力机。

**1-15 什么是风力发电机组的容量系数？**

答：在某一时间内，风力发电机组的实际发电量与理论发电量的比值，叫作风力发电机组的容量系数。

**1-16 哪一个力驱使叶轮转动？**

答：升力使叶片转动，产生动能。

**1-17 什么是风轮？其作用是什么？**

答：风轮是把风的动能转变为机械能的重要部件，它由两只（或更多）螺旋桨形的叶轮组成。当风吹向桨叶时，桨叶上产生气动力驱动风轮转动。

**1-18 关于风轮桨叶材料的具体要求有哪些？**

答：风轮桨叶的材料要强度高、质量轻，目前多用玻璃钢或其他复合材料（如碳纤维）来制造。现在还有一些垂直风轮，S型旋转叶片等，其作用也与常规螺旋桨型叶片相同。

**1-19 简述风力发电机组铁塔的构成。**

答：铁塔是支撑风轮、尾舵和发电机的构架。它一般修建得比较高，为的是既要获得较大的和较均匀的风力，又要有足够的强度。铁塔高度视地面障碍物对风速影响的情况，以及风轮的直径大小而定，一般为 6～20m。

**1-20 简述风力发电机组中发电机的作用。**

答：发电机的作用是把由风轮得到的恒定转速，通过升速传递使发电机构均匀运转，因而把机械能转变为电能。

**1-21 简述风力发电机组的优、缺点。**

答：优点：

（1）清洁、环境效益好。

（2）可再生，永不枯竭。

（3）基建周期短。

（4）装机规模灵活。

缺点：

（1）噪声，视觉污染。

（2）占用大片土地。

（3）不稳定，不可控。

（4）目前成本仍然很高。

（5）影响鸟类。

**1-22 用于定义一台风力发电机组的 4 个重要参数都是什么？**

答：轮毂高度、叶轮直径或扫掠面积、额定功率、额定风速。

**1-23 什么是风速？**

答：空间特定的风速为该点周围气体微团的移动速度。

**1-24 什么是平均风速？**

答：平均风速为给定时间内顺势风速的平均值，给定时间从几秒到数年不等。

**1-25 简述风形成的主要因素。**

**答：** 地球表面受热不均使得赤道区的空气变热上升，且在两极区冷空气下沉，引起大气层中空气压力不均衡；地球的旋转导致运动的大气层根据其位置向东方和西方偏移。

**1-26 风的强弱程度的表示方法是什么？**

**答：** 风的强弱程度通常用风力等级表示，而风力的等级，可由地面或海面物体被风吹动的情形加以估计。目前国际通用的风力估计，系以蒲福风级为标准。蒲福氏为英国海军上将，于1805年首创风力分级标准。先仅用于海上，后又用于陆上，并屡经修订，成为今日通用的风级。实际风速与蒲福风级的经验关系式为：$v = 0.836 [B \cdot (3/2)]$。$B$为蒲福风级数，$v$为风速（单位：m/s）。

一般而言，风力发电机组启动风速为2.5m/s，在脸上感觉有风且树叶摇动情况下，就已开始运转发电了，而当风速达28～34m/s时，风机将会自动侦测停止运转，以降低对受体本身的伤害。

**1-27 什么是风能？**

**答：** 风能（wind energy）是因空气流做功而提供给人类的一种可利用的能量，属于可再生能源（包括水能，生物能等）。空气流动具有的动能称风能。

**1-28 为什么说利用风力发电有助于减缓温室效应？**

**答：** 风力发电不会产生二氧化碳气体等污染物的释放，完全可以抵消掉在制造过程中少量有害气体的排放。因此风力发电有利于减少二氧化碳等有害气体进入大气中的增加速度，有助于减缓温室效应的产生。

**1-29 为什么说获取特定场地准确的风资源数据是非常重要？**

**答：** 由于风能与风速的立方成正比，故精确地估测风速是至关重要的。过高地估算风速意味着风电机实际出力比预期出力要低。过低地估算风速又将引起风力发电机容量过小，因此，场地潜在的收入就会减少。

**1-30　风能的来源有哪些？**

答：风是地球上的一种自然现象，它是由太阳辐射热引起的。太阳照射到地球表面，地球表面各处受热不同，产生温差，从而引起大气的对流运动形成风。风能就是空气的动能，风能的大小决定于风速和空气的密度。空气流动所形成的动能即为风能。

**1-31　风电场选址时应考虑哪些重要因素？**

答：经济性，包括风场的风能特性和装机成本等主要指标；环境影响，包括噪声、电磁干扰、对微气候和生态的影响；气候灾害，包括雾凇、台风、空气盐雾、风沙腐蚀等；以及对电网的动态影响等。

**1-32　简述风力机的起源。**

答：风力机最早出现在 3000 年前，主要用于碾米和提水。第一台水平轴式风力机出现在 12 世纪。

**1-33　风电发展"十三五"规划的基本原则是什么？**

答：（1）坚持消纳优先，加强就地利用。

（2）坚持推进改革，完善体制机制。

（3）坚持创新发展，推动技术进步。

（4）坚持市场导向，促进优胜劣汰。

（5）坚持开放合作，开拓国际市场。

**1-34　风电发展"十三五"规划的发展目标是什么？**

答：总量目标：到 2020 年年底，风电累计并网装机容量确保达到 2.1 亿 kW 以上，其中海上风电并网装机容量达到 500 万 kW 以上；风电年发电量确保达到 4200 亿 kWh，约占全国总发电量的 6%。

消纳利用目标：到 2020 年，有效解决弃风问题，"三北"地区全面达到最低保障性收购利用小时数的要求。

产业发展目标：风电设备制造水平和研发能力不断提高，3～5 家设备制造企业全面达到国际先进水平，市场份额明显提升。

**1-35　简述当前风电发展的国际形势。**

答：（1）风电已在全球范围内实现规模化应用。风电作为应用最广泛和发展最快的新能源发电技术，已在全球范围内实现大规模开发应用。到2015年底，全球风电累计装机容量达4.32亿kW，遍布100多个国家和地区。"十二五"时期，全球风电装机新增2.38亿kW，年均增长17%，是装机容量增幅最大的新能源发电技术。

（2）风电已成为部分国家新增电力供应的重要组成部分。自2000年以来，风电占欧洲新增装机的30%，而自2007年以来，风电占美国新增装机的33%。2015年，风电在丹麦、西班牙和德国用电量中的占比分别达到42%、19%和13%。随着全球发展可再生能源的共识不断增强，风电在未来能源电力系统中将发挥更加重要作用。美国提出到2030年，20%的用电量由风电供应。丹麦、德国等国把开发风电作为实现2050年高比例可再生能源发展目标的核心措施。

（3）风电开发利用的经济性显著提升。随着全球范围内风电开发利用技术不断进步及应用规模持续扩大，风电开发利用成本在过去5年下降了约30%。巴西、南非、埃及等国家的风电招标电价已低于当地传统化石能源上网电价，美国风电长期协议价格已下降到化石能源电价同等水平，风电开始逐步显现出较强的经济性。

**1-36 简述我国风电的发展基础。**

**答：**"十二五"期间，全国风电装机规模快速增长，开发布局不断优化，技术水平显著提升，政策体系逐步完善，风电已经从补充能源进入到替代能源的发展阶段，突出表现如下：

（1）风电成为我国新增电力装机的重要组成部分。"十二五"期间，我国风电新增装机容量连续五年领跑全球，累计新增9800万kW，占同期全国新增装机总量的18%，在电源结构中的比重逐年提高。中东部和南方地区的风电开发建设取得积极成效。截至2015年底，全国风电并网装机达到1.29亿kW，年发电量1863亿kWh，占全国总发电量的3.3%，比2010年提高2.1%。风电已成为我国继煤电、水电之后的第三大电源。

（2）产业技术水平显著提升。风电全产业链基本实现国产化，产业集中度不断提高，多家企业跻身全球前 10 名。风电设备的技术水平和可靠性不断提高，基本达到世界先进水平，在满足国内市场的同时出口到 28 个国家和地区。风力发电机组风力发电机组高海拔、低温、冰冻等特殊环境的适应性和并网友好性显著提升，低风速风电开发的技术经济性明显增强，全国风电技术可开发资源量大幅增加。

（3）行业管理和政策体系逐步完善。"十二五"期间，我国基本建立了较为完善的促进风电产业发展的行业管理和政策体系，出台了风电项目开发、建设、并网、运行管理及信息监管等各关键环节的管理规定和技术要求，简化了风电开发建设管理流程，完善了风电技术标准体系，开展了风电设备整机及关键零部件型式认证，建立了风电产业信息监测和评价体系，基本形成了规范、公平、完善的风电行业政策环境，保障了风电产业的持续健康发展。

### 1-37　简述我国风电将面临的形势与挑战。

**答：**为实现 2020 年和 2030 年非化石能源占一次能源消费比重15% 和 20% 的目标，促进能源转型，我国必须加快推动风电等可再生能源产业发展。但随着应用规模的不断扩大，风电发展也面临不少新的挑战，突出表现如下：

（1）现有电力运行管理机制不适应大规模风电并网的需要。我国大量煤电机组发电计划和开机方式的核定不科学，辅助服务激励政策不到位，省间联络线计划制定和考核机制不合理，跨省区补偿调节能力不能充分发挥，需求侧响应能力受到刚性电价政策的制约，多种因素导致系统消纳风电等新能源的能力未有效挖掘，局部地区风电消纳受限问题突出。

（2）经济性仍是制约风电发展的重要因素。与传统的化石能源电力相比，风电的发电成本仍比较高，补贴需求和政策依赖性较强，行业发展受政策变动影响较大。同时，反映化石能源环境成本的价格和税收机制尚未建立，风电等清洁能源的环境效益无法得到体现。

（3）支持风电发展的政策和市场环境尚需进一步完善。风电开发地方保护问题较为突出，部分地区对风电"重建设、轻利用"，对优先发展可再生能源的政策落实不到位。设备质量管理体系尚不完善，产业优胜劣汰机制尚未建立，产业集中度有待进一步提高，低水平设备仍占较大市场份额。

**1-38 拓展风电就地利用的方式有哪些？**

答：在北方地区大力推广风电清洁供暖，统筹电蓄热供暖设施及热力管网的规划建设，优先解决存量风电消纳需求。因地制宜推广风电与地热及低温热源结合的绿色综合供暖系统。开展风电制氢、风电淡化海水等新型就地消纳示范工程。结合输配电价改革和售电侧改革，积极探索适合分布式风电的市场资源组织形式、盈利模式与经营管理模式。推动风电的分布式发展和应用，探索微电网形式的风电资源利用方式，推进"风光储互补"的新能源微电网建设。

**1-39 如何做好我国风电发展规划？**

答：将风电作为推动中东部和南方地区能源转型和节能减排的重要力量，以及带动当地经济社会发展的重要措施。根据各省（区、市）资源条件、能耗水平和可再生能源发展引导目标，按照"本地开发、就近消纳"的原则编制风电发展规划。落实规划内项目的电网接入、市场消纳、土地使用等建设条件，做好年度开发建设规模的分解工作，确保风电快速有序开发建设。

**1-40 如何完善风电开发的政策环境？**

答：创新风电发展体制机制，因地制宜出台支持政策措施。简化风电项目核准支持性文件，制定风电与林地、土地协调发展的支持性政策，提高风电开发利用效率。建立健全风电项目投资准入政策，保障风电开发建设秩序。鼓励企业自主创新，加快推动技术进步和成本降低，在设备选型、安装台数方面给予企业充分的自主权。

**1-41 如何强化风电质量监督？**

答：建立覆盖设计、生产、运行全过程的质量监督管理机制。充分发挥行业协会的作用，完善风力发电机组运行质量监测评价

体系，定期开展风力发电机组运行情况综合评价。落实风电场重
大事故上报、分析评价及共性故障预警制度，定期发布风力发电
机组运行质量负面清单。充分发挥市场调节作用，有效进行资源
整合，鼓励风电设备制造企业兼并重组，提高市场集中度。

**1-42  如何完善风电标准检测认证体系？**

答：进一步完善风电标准体系，制定和修订风力发电机组、
风电场、辅助运维设备的测试与评价标准，完善风力发电机组关
键零部件、施工装备、工程技术和风电场运行、维护、安全等标
准。加强检测、认证能力建设，开展风力发电机组项目认证，推
动检测、认证结果与信用建设体系的衔接。

**1-43  简述风电规划实现的环境社会效益。**

答：（1）2020 年，全国风电年发电量将达到 4200 亿 kWh，
约占全国总发电量的 6%，为实现非化石能源占一次能源消费比重
达到 15% 的目标提供重要支撑。

（2）按 2020 年风电发电量测算，相当于每年节约 1.5 亿 t 标
准煤，减少排放二氧化碳 3.8 亿 t，二氧化硫 130 万 t，氮氧化物
110 万 t，对减轻大气污染和控制温室气体排放起到重要作用。

（3）"十三五"期间，风电带动相关产业发展的能力显著增
强，就业规模不断增加，新增就业人数 30 万人左右。到 2020 年，
风电产业从业人数达到 80 万人左右。

**1-44  风向的表示方法是什么？**

答：风向的表示方法有度数表示法和方位表示法。陆地上一
般用 16 个方位表示风向，海上多用 36 个方位表示风向。在高空则
用角度表示风向，即把圆周分成 360°，北风（N）是 0°（即 360°），
东风（E）是 90°，南风（S）是 180°，西风（W）是 270°，其余的
风向都可以由此计算出来。

**1-45  什么是风玫瑰图？**

答：风玫瑰图是根据风向在各扇区的频率分布，在极坐标图
上以相应的比例长度绘制的形如玫瑰花朵的概率分布图。有些风
玫瑰图上还指示出各风向的风速范围。

**1-46 什么是风能玫瑰图？**

答：风能玫瑰图是根据风能在各扇区的频率分布，在极坐标图上以相应的比例长度绘制的形如玫瑰花朵的概率分布图。

**1-47 如何使用风能玫瑰图？**

答：在风能玫瑰图中，各射线长度分别表示某一方向上的风向频率与相应风向平均风速立方值的乘积，根据风能玫瑰图能看出哪个方向上的风具有能量优势，并对其加以利用。

**1-48 什么是不可压缩流体？**

答：流体无论是液体还是气体，都具有可压缩性。可压缩性是指在压力作用下，流体的体积会发生变化。通常情况下，液体在压力作用下体积的变化很小，对于宏观的研究，这种变化可以忽略不计。这种在压力作用下体积的变化可以忽略的流体称为不可压缩流体。

**1-49 什么是流体黏性？**

答：黏性是流体的重要物理属性，是液体抵抗剪切变形的能力。

流体运动时，如果相邻两层流体的运动速度不同，在它们的界面上会产生切应力。速度快的流层对速度慢的流层产生拖动力，速度慢的流层对速度快的流层产生阻力。这个切应力叫作流体的内摩擦力或黏性切应力。

在流体力学的研究中，经常用到动力黏性系数 $\mu$ 和流体密度 $\rho$ 的比值 $\gamma$，称为运动黏性系数，单位是 $m^2/s$。在研究过程中，如果流体内的速度梯度很小，黏性力相比于其他力可以忽略时，可以将研究的流体视为无黏性流体，简称无黏流。在研究时，将假设没有黏度的流体称为理想流体。

**1-50 什么是流动阻力？**

答：在流动空气中的物体都会受到相对于空气运动所受的逆物体运动方向或沿空气来流速度方向的气体动力的分力，这个力称为流动阻力。在低于音速的情况下，流动阻力分为摩擦阻力和压差阻力。由于空气的黏性作用，在物体表面产生的全部摩擦力的合力称为摩擦阻力。与物体面相垂直的气流压力合成的阻力称压差阻力。

**1-51 什么是层流与湍流？**

答：流体运动分为层流和湍流两种状态。层流流动指流体微团（质点）互不掺混、运动轨迹有条不紊的流动形态。湍流流动指流体的微团（质点）做不规则运动、互相混掺、轨迹曲折混乱的形态。

层流和湍流传递动量、热量和质量的方式不同。层流的传递的形态过程是通过分子间的相互作用，湍流的传递过程主要通过质点间气流中的混掺。湍流的传递速率远大于层流的传递速率。

**1-52 什么是升力？**

答：放在气流中的翼型，前缘对着气流向上斜放的平板及在气流中旋转的圆柱或圆球（如高尔夫球）都会有一个垂直于气流运动方向的力，这个力称为升力。

**1-53 什么是风功率密度？**

答：风功率密度是气流在单位时间内垂直通过单位面积的风能。

**1-54 风功率密度的大小与什么成正比关系？**

答：风功率密度的大小与空气密度、气流速度的立方成正比。

**1-55 什么是风切变？**

答：风切变又称风切或风剪，它反映了风速随着高度的变化而变化的情况，包括气流运动速度的突然变化和气流运动方向的突然变化。

**1-56 什么是风切变指数？**

答：风切变指数是衡量风速随高度变化快慢的指标。

**1-57 什么是湍流？湍流强度是衡量什么的指标？**

答：在近地层中，气流具有明显的湍流特征，湍流是一种不规则的随机流动，其速度有快速的大幅度起伏，并随时间、空间位置而变。

湍流强度是衡量气流脉动强弱的相对指标，常用标准差和平均速度的比值来表示。

**1-58  湍流强度对风力发电机组存在什么影响？如何降低影响？**

**答：**湍流强度会减小风力发电机组的风能利用率，同时也会增加机组的疲劳荷载和机件磨损概率。

一般情况下，可以通过增加风力发电机组的轮毂高度来降低由地面粗糙度引起的湍流强度的影响。

**1-59  评价风电场风能资源水平的主要指标是什么？**

**答：**一般来讲，年平均风速越大，年平均风功率密度也越大，即风能可利用的小时数也越多，风电场发电量越高。因此，年平均风速和年平均风功率密度是评价风电场风能资源水平的主要指标。

**1-60  使风轮转动的方法有哪几种？**

**答：**使风轮转动的方法有两种，一种是利用阻力；另一种是利用气动升力。

**1-61  风电场选址时应考虑哪些重要因素？**

**答：**（1）经济性，包括风电场的风能特性和装机成本等主要指标。

（2）环境的影响，包括噪声、电磁干扰以及风电场对微气候和生态的影响。

（3）气候灾害，如雾凇、台风、空气盐雾、风沙等。

（4）对电网的动态影响。

**1-62  简述测风系统的组成。**

**答：**自动测风系统主要由6部分组成，包括传感器、主机、数据存储装置、电源、安全装置和保护装置。

**1-63  用于风力发电机组的测风设备主要有哪些？**

**答：**传统测风仪有风杯式风速仪、螺旋桨式风速仪及风压板风速仪，新型测风仪有超声波测风仪、多普勒测风雷达测风仪、风廓测风仪。

**1-64 测风系统中的传感器包括哪些?**

答:测风系统中的传感器包括风速传感器、风向传感器、温度传感器、气压传感器。

**1-65 测风塔安装有哪些注意事项?**

答:(1)测风高度与预装风力发电机组的轮毂高度应尽量接近。

(2)测风设备安装在测风塔的顶端,减小测风塔本身对测风设备的影响。

(3)测风塔的安装地点要具有代表性。

(4)测风塔的数量与风电场的规划容量、面积及地形的复杂程度有关。

**1-66 风力发电机组选型的基本指标有哪些?**

答:50年一遇的大风速和湍流强度是机组选型的两个基本的指标。

**1-67 风电场机组布置需要考虑哪些方面的影响?**

答:风电场机组布置除了要考虑风电场风能资源的分布特点以外,还需要考虑土地使用、村庄、电力设施、环境敏感因素等客观因素的限制,风力发电机组周围的地形条件,建(构)筑物、树木或其他障碍物的不利影响,以及风力发电机组之间的尾流影响。

**1-68 风电生产基本统计指标有哪些?**

答:风电生产基本统计指标有三级、五类、十五项。

(1)三级指风电场级、分公司级、集团级。

(2)五类指风能资源指标、电量指标、能耗指标、设备运行水平指标、运行维护指标。

(3)十五项指平均风速、有效风时数、平均空气密度、发电量、上网电量、购网电量、等效可利用小时数、风电场用电量、风电场用电率、场损率、送出线损率、风力发电机组可利用率、风电场可利用率、单位容量运行维护费、场内度电运行维护费。

### 1-69　什么是风能资源指标？

答：风能资源指标可反映风电场在统计周期内的实际风能资源状况。采用平均风速、有效风时数和平均空气密度 3 个指标加以综合表征。

### 1-70　什么是平均温度？

答：平均温度指统计周期内风力发电机组轮毂高度处环境温度的平均值。

### 1-71　什么是平均风功率密度？

答：平均风功率密度指统计周期内风力发电机组轮毂高度处风能在单位面积上所产生的平均功率。

### 1-72　什么是有效风时数？

答：在（或接近）风力发电机组轮毂高度处测得的，介于切入风速与切出风速之间的风速持续小时的累计值，称为有效风时数。

### 1-73　电量指标包括哪些？

答：电量指标可反映风电场在统计周期内的输出功率和购网电情况，包括发电量、上网电量、购网电量和等效可利用小时 4个指标。

### 1-74　什么是单机发电量？

答：单机发电量指单台风力发电机组出口处计量的输出电能，一般从风力发电机监控系统读取。

### 1-75　什么是风电场发电量？

答：风电场发电量指统计期间风电场内全部风力发电机组发电量的总和。

### 1-76　电量指标差应采取哪些措施？

答：（1）提高风力发电机组可利用率及风电场可利用率，减少电量损失。

（2）根据风电场风能资源的情况，合理调整风力发电机组的运行参数。

（3）积极协调电网公司，争取更大的送出空间，减少限电造成的电量损失。

**1-77　什么是上网电量？**

**答：**上网电量指统计周期内风电场向电网输送的全部电能。

**1-78　什么是用网电量？**

**答：**用网电量指统计周期内电网向风电场输送的全部电能应从风电场与电网的关口电能表计取。当风电场所用的电能有非直接来自电网的情形时，在统计时可将这部分电能视为用网电量。

**1-79　什么是站用电量？**

**答：**站用电量指统计周期内风电场变电站消耗的全部电能，应从站用电变压器电能表计取。

**1-80　什么是风电场用电率？如何计算？**

**答：**风电场用电率指统计周期内风电场发电和输变电设备所使用及损耗的电量占发电量的百分比。其计算公式：风电场用电率＝（风电场用电量/风电场发电量）×100％。

**1-81　什么是站用电率？**

**答：**站用电率指统计周期内风电场变电站用电量占发电量的百分比。

**1-82　影响风力发电机组年利用小时数的因素有哪些？**

**答：**影响单台风力发电机组年利用小时数的因素主要有风力发电机组可利用率，风力发电机组位置，年平均风速及电网情况。

**1-83　影响风电场年利用小时数的因素有哪些？**

**答：**影响风电场年利用小时数的因素主要有风电场年平均风速及风频分布，这主要取决于风电场的宏观选址与单台风力发电机组的微观选址。同时，风力发电机组可利用率的高低、输变电设备运行的稳定性及电网限电情况对风电场年利用小时数有很大的影响。

**1-84 什么是设备运行水平指标？**

**答**：设备运行水平指标是反映风力发电机组设备运行可靠性的指标，包括风力发电机组可利用率和风电场可利用率两个指标。

**1-85 影响风力发电机组可利用率的主要因素有哪些？**

**答**：影响风力发电机组可利用率的主要因素有风力发电机组故障次数、故障反应时间及处理时间。

**1-86 什么是运行维护费？**

**答**：运行维护费指风电场建成投产并正式移交生产管理后，为实现安全、稳定运行和正常的电力生产，所投入的人力和物力等引起的费用性直接支出，主要包括修理费、材料费、购电费及生产人员的薪酬等。

**1-87 什么是单位容量运行维护费？**

**答**：单位容量运行维护费指风电场年度运行维护费与风电场总装机容量之比，用以反映单位容量运行维护费用的高低。

**1-88 什么是场内度电运行维护费？**

**答**：场内度电运行维护费指风电场年度运行维护费与风电场年度发电量之比，用以反映风电场度电运行维护费用的高低。

**1-89 什么是风力发电机组容量系数？**

**答**：风力发电机组容量系数指统计周期内风力发电机组实际发电量和该机组额定理论发电量的比值。

**1-90 什么是风电场容量系数？**

**答**：风电场容量系数指统计周期内风电场实际发电量和额定理论发电量的比值。

**1-91 风力发电机组的计划停止运行小时数如何计算？**

**答**：计划停止运行小时数是指机组处于计划停止运行状态的小时数。

**1-92 风力发电机组的非计划停止运行小时数如何计算？**

**答**：非计划停止运行小时数是指机组处于非计划停止运行状

态的小时数。

**1-93 风力发电机组的运行小时数如何计算？**

答：运行小时数是指机组处于运行状态的小时数。

**1-94 什么是风力发电机组平均无故障工作时间？**

答：风力发电机组平均无故障工作时间指统计周期内风力发电机组每两次相邻故障之间的工作时间的平均值。

**1-95 什么是调峰？**

答：因电能不能储存，电能的发出和使用是同步的，电力系统中的用电负荷经常发生变化，为了维持有功功率的平衡，保持系统频率的稳定，需要发电部门相应改变发电机的输出功率以适应用电负荷的变化，叫作调峰。

**1-96 什么是负荷曲线？**

答：负荷曲线指把电力负荷大小随时间变化的关系绘成的曲线。

**1-97 负荷曲线有何重要性？**

答：掌握负荷曲线有利于保证供电的可靠性及电能质量，降低风电场装机发电损失，规范电力系统调度，且日负荷曲线是发电厂内考虑和安排生产工作的依据。

**1-98 什么是高峰负荷？**

答：高峰负荷指电网和用户在一天时间内所发生的最大负荷值。

**1-99 什么是低谷负荷？**

答：低谷负荷指电网和用户在一天时间内所发生的用量最少的一点的小时平均电量。

**1-100 什么是平均负荷？**

答：平均负荷指电网和用户在确定时间段内的平均小时数用电量。

**1-101 什么是负荷率？怎样提高负荷率？**

答：负荷率是一定时间内的平均有功负荷与最高有功负荷之

比（用百分数表示），用以衡量平均负荷与最高负荷之间的差异程度。

要提高负荷率，主要是压低高峰负荷和提高平均负荷。

**1-102　什么是有功功率变化值？**

答：有功功率变化值是在规定的时间内，有功功率的最大值与最小值之差，电网目前考核的有 1min 变化值和 10min 变化值。

**1-103　电网公司对有功功率变化值如何规定？**

答：风电场装机容量小于 30MW 时，10min 有功功率变化最大限值为 10MW，1min 有功功率变化最大限值为 3MW。

风电场装机容量大于或等于 30MW，小于或等于 150MW 时，10min 有功功率变化最大限值为装机容量的 1/3，1min 有功功率变化最大限值为装机容量的 1/10。

风电场装机容量大于 150MW 时，10min 有功功率变化最大限值为 50MW，1min 有功功率变化最大限值为 15MW。

**1-104　什么是风电功率日前预测？什么是实时预测？**

答：日前预测指对次日 0 时～24 时的风电功率预测预报。

实时预测指自上报时刻起未来 15min～4h 的预测预报。两者的时间分辨率均为 15min。

**1-105　电网公司对风电功率预测是如何要求的？**

答：上报率应达到 100％，日前预测准确率不应小于 80％，实时预测准确率不应小于 85％。

**1-106　什么是风力发电机组低电压穿越？**

答：风力发电机组低电压穿越指在风力发电机并网点电压跌落的时候，风力发电机组能够保持并网，甚至向电网提供一定的无功功率支持电网恢复，直到电网恢复正常，从而"穿越"这个低电压时间（区域）。

**1-107　电网对低电压穿越有什么要求？**

答：（1）风电场内的风力发电机组具有在并网点电压跌至 20％额定电压时能够保证不脱网连续运行 625ms 的能力。

（2）风电场并网点电压在发生跌落后 2s 内能够恢复到 90％的额定电压，且风电场内的风力发电机组能够保证不脱网连续运行。

（3）对电网故障期间没有切出电网的风电场，其有功功率在电网故障切除后应快速恢复，以至少每秒 10％的额定功率的功率变化率恢复至故障前的值。

**1-108 何为动态无功功率补偿装置投入自动可用率？**

答：动态无功功率补偿装置投入自动可用率指装置投入自动间不可用小时数占升压站带电小时的百分比。

**1-109 电网公司对风电场动态无功功率补偿装置投入自动可用率有何要求？**

答：电网公司要求风电场动态无功功率补偿装置投入自动可用率不小于 95％。

**1-110 什么是风电场 AVC（自动电压无功控制）投运率？**

答：风电场 AVC 投运率指风电场 AVC 子站投入运行小时数占升压站带电小时的百分比。

**1-111 电网公司对风电场 AVC 投运率是如何要求的？**

答：电网公司要求风电场 AVC 投运率不小于 98％。

**1-112 什么是风电场 AVC 调节合格率？**

答：电力调度机构 AVC 主站电压指令下达后，机组 AVC 装置在 2min 内调整到位为合格。风电场 AVC 调节合格率指在规定时间内执行合格点数占调度机构发令次数的百分比。

**1-113 电网公司对风电场 AVC 调节合格率有何要求？**

答：电网公司要求风电场 AVC 调节合格率不小于 96％。

**1-114 什么是无功功率补偿控制器的动态响应时间？**

答：无功功率补偿控制器的动态响应时间指从系统中的无功功率到达投切门限时起，到控制器发出投切控制信号为止的时间间隔。

**1-115 电网公司对风力发电场无功功率补偿控制器的动态响应时间有何要求？**

答：电网公司要求风电场无功功率补偿控制器的动态响应时间不大于 30ms。

**1-116 什么是电？**

答：电是能的一种形式，是由于电荷的存在或移动而产生的现象。

**1-117 什么是电流？什么是电流强度？**

答：在电场力作用下，自由电子或离子所发生的有规则的运动称为电流。单位时间内通过导体某一截面电荷量的代数和称为电流强度，基本单位是安培。

**1-118 什么是电场？什么是电场力？**

答：电场是电荷及变化磁场周围空间里存在的一种特殊物质，它不是由分子、原子所组成，它是客观存在的，具有通常物质所具有的力和能量等客观属性。电场对放入其中的电荷有作用力，这种力称为电场力。

**1-119 什么是标准件？其最重要的特点是什么？**

答：标准件是按国家标准（或部颁标准等）大批量制造的常用零件，如螺栓、螺母、键、销、链条等。其最重要的特点是具有通用性。

**1-120 金属结构的主要形式有哪些？**

答：金属结构的主要形式有框架结构、容器结构、箱体结构、一般构件结构。

**1-121 引起钢结构变形的原因有哪些？**

答：引起钢结构变形的原因有两种，即外力和内应力。

**1-122 什么是局部变形？包括哪些？**

答：局部变形指构件的某一部分发生的变形，包括角变形、波浪变形、局部凸凹不平。

**1-123 离心泵的主要构件有哪些？其工作原理是什么？**

答：离心泵的主要构件有叶轮、泵壳、蜗壳。

工作原理：当叶轮旋转时，叶轮的吸入口处形成低压区，液体被吸入叶轮。液体进入叶轮后，随叶轮旋转在做圆周运动的同时，沿叶轮叶片流动，并在叶轮离心力的作用下做径向运动，流向叶轮出口处叶轮旋转时将能量传递给进入叶轮的液体，使液体产生速度能和压力能。当液体流出叶轮进入蜗壳时，因蜗壳的流道截面逐渐增大，使液体的速度能转变为压力能，流至蜗壳出口处时，使液体的压力能变为最大值，这就是离心泵产生的总扬程。

**1-124 阀门的主要功能是什么？**

答：阀门是压力管道的重要组成部件，在工业生产过程中起着重要的作用。其主要功能是接通和截断流体流动，防止流体倒流；调节介质压力、流量，分离、混合或分配流体，防止流体压力超过规定值，保证管道或设备安全、正常运行等。

**1-125 阀门按结构分类有哪些？**

答：阀门按结构分类有闸阀、截止阀、止回阀、旋塞阀、球阀、蝶阀、隔膜阀等。

**1-126 阀门按特殊要求分类有哪些？**

答：阀门按特殊要求分类有电动阀、电磁阀、液压阀、汽缸阀、遥控阀、紧急切断阀、温度调节阀、压力调节阀、液面调节阀、减压阀、安全阀、夹套阀、波纹管阀、呼吸阀等。

**1-127 球阀结构有何特点？**

答：球阀的阀瓣为一中间有通道的球体，球体绕自身轴线做90°旋转，以达到启闭的目的，有快速启闭的优点。球阀主要由阀体、球体、密封圈、球杆及驱动机构组成。

**1-128 电磁阀的工作原理是什么？**

答：当阀门内线圈通电时，线圈产生磁场将铁芯吸起，带动阀针，浮阀开启，管道通路打开。而当阀门内线圈断电时，磁场立刻消失，由于重力作用，阀芯下落，关闭阀门。

**1-129　装配中常用的测量项目有哪些?**

答：装配中常用的测量项目有线性尺寸、平行度、垂直度、同轴度、角度。

**1-130　测量机械零件的内、外圆直径的工具有哪些?**

答：测量机械零件的内、外圆直径的工具一般有游标卡尺、内外卡钳、内外螺旋千分卡尺及专业使用的塞规、环规等。

**1-131　金属结构的连接方法有哪几种?**

答：金属结构的连接方法有铆接、焊接、铆焊混合连接、螺栓连接。

**1-132　钻孔时切削液有何作用?**

答：钻孔时切削液的作用：减少摩擦，降低钻头阻力和切削温度，提高钻头的切削能力和孔壁的表面质量。

**1-133　选择连接方法要考虑哪些因素?**

答：选择连接方法要考虑构件的强度、工作环境、材料、施工条件等因素。

**1-134　螺栓连接有哪几种?**

答：螺栓连接有两种：承受轴向拉伸载荷作用的连接，承受横向作用的连接。

**1-135　螺纹连接常用的防松措施有哪些?**

答：螺纹连接常用的防松措施有增大摩擦力、机械防松。

**1-136　什么是螺纹的大径、中径、小径? 有何作用?**

答：大径是表示内外螺纹的最大直径，螺纹的公称直径；小径是表示内外螺纹的最小直径；中径是表示螺纹宽度和牙槽宽度相等处的圆柱直径。

作用：螺纹的大径、中径、小径在螺纹连接时，中径是相对主要的尺寸。严格意义上讲，起关键作用的是中径的齿厚的间隙（配合）。螺纹的用途决定了螺纹的中径能否承受主要的荷载。一般螺纹的用途有紧固、荷载、连载、测量和传递运动等。大径用于作为标准，如公称直径；小径用于计算强度；中径跟压力角有关。

**1-137 螺杆螺纹的牙型有哪几种？不同牙型的齿轮各有什么特点？**

答：螺杆螺纹的牙型有三角形、矩形、梯形、矩齿形。

三角形螺纹：牙型角为 60°、自锁性好、牙根厚、强度大，用作连接螺纹。

矩形螺纹：牙型角为 0°、传动效率最高，但牙根强度小、制造较困难、对中精度低、磨损后间隙较难补偿，应用较少。

梯形螺纹：牙型角为 30°、牙根强度大、对中性好、便于加工、传动效率较高、磨损后间隙可以调整，常用作双向传动螺纹。

锯齿形螺纹：工作面的牙型斜角为 3°，非工作面的牙型斜角为 30°，效率高，牙根强度大，用作单向传动螺纹。

**1-138 为何多数螺纹连接必须防松？措施有哪些？**

答：在静荷载作用下或温度变化不大时，螺纹连接不会自行松脱。而在冲击、振动、受变荷载作用或被连接件有相对转动等，螺纹连接可能逐渐松脱而失效，因此必须防松。

防松措施有靠摩擦力防松、机械防松、破坏螺纹副防松。

**1-139 机械防松的方法有哪些？**

答：机械防松可以采用开口销、止退垫圈、止动垫圈、串联钢丝。

**1-140 销的基本类型及其功用如何？**

答：销按形状可分为圆柱销、圆锥销、异形销。销连接一般用于轴毂连接，还可作为安全或定位装置。

**1-141 什么是腐蚀？**

答：腐蚀是由于材料与周围环境作用而产生的损坏或变质。

**1-142 金属材料的局部腐蚀主要有哪些类型？**

答：金属材料的局部腐蚀主要有应力腐蚀破裂、晶间腐蚀、电偶腐蚀、小孔腐蚀（主要集中在一些活性点上，并向金属内部深处发展）、选择性腐蚀、氢脆等类型。

**1-143 一对相啮合齿轮的正确啮合条件是什么？**

**答**：正确啮合条件是两齿轮的模数必须相等，两齿轮的压力角必须相等。

**1-144 斜齿圆柱齿轮与直齿圆柱齿轮相比有何特点？**

**答**：斜齿圆柱齿轮与直齿圆柱齿轮传动相比，具有重合度大，逐渐进入和退出啮合的特点，最小齿数较少。因此，传动平稳振动和噪声小，承载能力较强，适用于高速和大功率传动。

**1-145 齿轮系有哪两种基本类型？两者的主要区别是什么？**

**答**：齿轮系有定轴轮系和周转轮系两种基本类型。

两者区别：

定轴轮系：轮系齿轮轴线均固定不动。周转轮系：轮系的某些齿轮既有自转，又有公转。

**1-146 齿轮系的功用有哪些？**

**答**：齿轮系具有减速传动、变速传动、差速传动、增减扭矩的功用。

**1-147 齿轮传动的常用润滑方式有哪些？润滑方式的选择取决于什么？**

**答**：齿轮传动的常用润滑方式有人工定期加油、浸油润滑和喷油润滑。

润滑方式的选择取决于齿轮圆周速度的大小。

**1-148 什么是机械密封？**

**答**：机械密封是靠两个垂直于旋转轴线和光洁而平整的表面互相紧密贴合，并做相对转动而构成密封的装置。

**1-149 机械密封经常泄漏是什么原因？**

**答**：（1）密封元件与轴线不垂直。

（2）密封圈有缺陷，紧力不够。

（3）动、静环面不合格。

（4）动、静环变形。

（5）端面比压太小。

（6）转子振摆太大。

（7）弹簧力不够。

（8）弹簧的方向装反。

（9）密封面有污物，开车后把摩擦面破坏。

（10）防转销太长，顶起静环。

（11）静环尾部太长，密封圈没压住。

**1-150 高压密封的基本特点是什么？**

答：高压密封的基本特点：一般采用金属密封元件，采用窄面或线接触密封，用自紧或半自紧式密封。

**1-151 轴承运转时应注意哪三点？温度在什么范围？**

答：轴承运转时应注意温度、噪声、润滑。

温度范围：滑动轴承小于65℃，滚动轴承小于70℃。

**1-152 润滑油是如何进行润滑作用的？**

答：润滑油在做相对运动的两摩擦表面之间形成油膜以降低磨损，降低摩擦功耗，洗去磨损形成的金属微粒，带走摩擦热进而冷却摩擦表面。

**1-153 润滑油的"五定"指什么？**

答：润滑油的"五定"指定点、定人、定质、定时、定量。

**1-154 如何正确用油，防止油品劣化？**

答：正确用油，防止油品劣化的方法：减少油品蒸发、氧化；减少空气污染；减少软颗粒污染（漆膜）；减少水污染；避免混油污染；避免超温使用；避免固体颗粒物污染；避免金属催化；避免错用替代油；防止理化指标出现异常；防止超油品承受负荷运行；防止加油量过大和过小；防止超油品承受速度运行；防止超油品耐介质范畴应用。

**1-155 油品的常规理化指标有哪些？**

答：油品的常规理化指标有黏度、黏度指数、闪点、水分酸值、腐蚀性、抗泡沫、破乳化和不溶物、新油质量、油品变质、油品误用、油品污染等。

**1-156 润滑油品应如何存放?**

**答:**所有润滑油品不得露天存放,库内也不能敞口存放;库存3个月以上的润滑油品必须经分析合格后方可发放使用。不同种类及牌号的润滑油(脂)要分类存放,并有明显的油品名称、牌号标记,专桶专用,摆放整齐,界限分明,做到防雨、防晒、防尘、防凝、防火,保证做到油品不变质、品种不错乱。

**1-157 关于油系统的补充用油要求有哪些?**

**答:**油系统的补充用油宜采用与已注油同一油源、同一牌号及同一添加剂类型的油品,并且补充油的各项特性指标不应低于已注油。

**1-158 温度过高对润滑油的性能有何影响?**

**答:**温度过高对润滑油的性能的影响有加速氧化、降低黏度、添加剂降解。

**1-159 油中水分的危害有哪些?**

**答:**(1)油中有水在冬季结冰时,会堵塞管道和过滤器。

(2)水的存在增加润滑油的腐蚀性和乳化性。

(3)降低油品介电性能,严重的将引起短路,烧毁设备。

(4)润滑油有水易产生气泡,降低油膜强度。

(5)水加速油品氧化。

(6)水能与杂质和油形成低温沉淀物,称为油泥。

(7)润滑油中的水在高温时产生蒸汽,破坏油膜。

(8)对于酯类油,还会水解添加剂,产生沉淀,这种情况即使把水除掉,也不能恢复添加剂原来的性能。

(9)一般润滑油中含0.2%的水,轴承寿命就会减少一半;含3%的水,轴承寿命只剩下15%。

**1-160 对自动注油的润滑点要经常检查哪些项目?**

**答:**对自动注油的润滑点要经常检查过滤网、油位、油压、油温和油泵注油量。

**1-161　关于设备润滑应定期巡回检查哪些内容？**

**答：**设备润滑定期巡回检查油箱油位、油温、油站及润滑点油压、给油点油量、回油管油温、冷却器水温等。

**1-162　设备润滑的方法有哪些？**

**答：**设备润滑的方法有手工加油润滑，滴油润滑，飞溅润滑，油绳、油垫润滑，油环、油链润滑，强制润滑，油雾润滑，油气润滑，脂润滑。

# 风力发电系统及相关设备

### 2-1 什么是电力系统？什么是电力网？

**答**：电力系统是指由发电厂、变电站、输配电线路和用户在电气上连接成的整体。在发电厂中将一次能源转换为电能（又称二次能源），发电厂生产的电能需要输送给电力用户。在向用户供电的过程中，为了提高供电的可靠性和经济性，广泛通过升、降压变电站和输电线路将多个发电厂用电力网连接起来并联工作，向用户供电。

电力网是指电力系统中除发电机和用电设备以外的部分，即由升、降压变电站和不同电压等级的输电线路以及相关输配电设备连接构成，是电力系统的骨架部分。

### 2-2 什么是无限大容量电力系统？

**答**：实际电力系统中，它的容量和阻抗都有一定的数值。因此，在供电电路中的电流发生变动时，系统母线电压便相应变动。但元件容量比系统容量小很多，阻抗比系统阻抗大得多的元件，如变压器、电抗器和线路等，其电路中的电流发生任何变动，甚至短路时，系统母线电压变化甚微。实际计算中，为了简化计算，往往不考虑此电压的变动，即认为系统母线电压维持不变。此时电流回路所接的电源便被认为是无限大容量的电力系统，即系统容量等于无限大，而其内阻抗等于零。

在选择、校验电气设备的短路电流计算中，若系统阻抗不超过短路回路总阻抗的 $5\%\sim10\%$，便可以不考虑系统阻抗。

按无限大容量系统计算所得的短路电流，是装置通过的最大短路电流。因此，在估算装置的最大短路电流或缺乏系统数据时，都可以认为短路回路所接的电源是无限大容量电力系统。

**2-3 什么是电气设备的额定电压？为什么要规定额定电压等级？**

**答：**所谓电气设备的额定电压，是指电气设备长期、连续、正常工作所能承受的最高电压，在此电压下长期工作，能获得最佳的技术和经济性能。

当输送功率一定时，输电电压越高，电流越小，导线等电气设备的投资越小。但电压越高，对电气设备绝缘的要求也越高，投资也有所加大。因此，为了便于实现电气设备选择、制造和使用的标准化、系列化，我国规定了标准电压（即额定电压）等级系列。在设计时，应选择最合理的额定电压等级，而不是任意选择。

**2-4 什么是平均额定电压？**

**答：**在计算电路中可能有几个用变压器联系起来的电压等级。在实际计算中，为了方便起见，各电压等级的实际电压用平均额定电压代替，并注明在线路图中。

由于线路有电压损失，所以线路供电端变压器 T1 的额定电压 $U_{1N}$ 比受电端变压器 T2 的电压 $U_{2N}$ 要高，如 $U_{1N} = 121kV$，$U_{2N} = 110kV$，则线路所在电压等级的平均额定电压：$U_{av} = \frac{1}{2}(U_{1N} + U_{2N}) = \frac{1}{2}(121 + 110) \approx 115kV$。各级平均额定电压分别为 0.23kV、0.4kV、3.15kV、6.3kV、10.5kV、13.8kV、15.7kV、37kV、63kV、115kV、162kV、230kV、346kV、525kV。

应用平均额定电压计算时，可以认为凡是接在同一电压等级的所有元件的额定电压都等于平均额定电压。这样计算引起的误差较小且简化了计算。

**2-5 什么是功率因数？为什么要提高功率因数？**

**答：**有功功率 $P$ 对视在功率 $S$ 的比值，叫作功率因数，常用 $\cos\varphi$ 表示。提高电路的功率因数，可以充分发挥电源设备的潜在能力，同时可以减少线路上的功率损失和电压损失，提高用户电压质量。

**2-6 如何提高电网的功率因数？**

答：提高功率因数的方法：变电站装设无功补偿设备，如调相机、电容器组及静止补偿装置，对用户可以采用装设低压电容器等措施。

**2-7 风力发电机组最重要的参数是什么？**

答：风力发电机组最重要的参数是风轮直径和额定功率。

**2-8 何为风力发电机组的失速现象？**

答：在一般运行情况下，风轮上的动力来源于气流在翼型上流过产生的升力。由于风轮转速恒定，风速增加叶片上的迎角随之增加，直到最后气流在翼型上表面分离而产生脱落，这种现象称为失速。

**2-9 风力发电机的分类有哪些？**

答：按主轴与地面的相对位置可分为水平轴式与平行轴式；按转子相对于风向的位置，可分为上风式与下风式；按转子叶片的工作原理，可分为升力型与阻力型。

**2-10 风能的大小与空气密度的对应关系是什么？**

答：风能的大小与空气密度成正比。

**2-11 按照年平均定义确定的平均风速是什么？**

答：按照年平均定义确定的平均风速叫作年平均风速。

**2-12 简述风力发电机组规定的工作风速范围。**

答：风力发电机组规定的工作风速范围一般是 3～25m/s。

**2-13 简述风力发电机工作过程中能量的转化顺序。**

答：风力发电机工作过程中能量的转化顺序是风能—动能—机械能—电能。

**2-14 什么是风能利用系数？**

答：风能利用系数即风力机从自然风能中吸取能量的大小程度。风能利用系数表示风力发电机将风能转化成电能的转换效率，用 $C_p$ 表示。

**2-15 风能利用系数 $C_p$ 的最大值是多少？**

答：$C_p$ 最大值可达 59%。

**2-16 风力发电机风轮吸收能量的多少主要取决于什么参数？**

答：风力发电机风轮吸收能量的多少主要取决于空气速度的变化。

**2-17 我国建设风电场时，一般要求在当地连续测风的周期是多少？**

答：一般要求在当地连续测风至少 1 年。

**2-18 什么是风力发电机组结构的安全风速？**

答：风力发电机组结构所能承受的最大设计风速叫安全风速。

**2-19 何为风力发电机的控制系统？**

答：接受风力发电机或其他环境信息，调节风力发电机使其保持在工作要求范围内的系统叫作控制系统。

**2-20 何为正常关机？**

答：关机全过程都是在控制系统下进行的关机是正常关机。

**2-21 在一个风电场中，风力发电机组排列方式主要与哪些技术指标有关？**

答：主要与主导风向及风力发电机组容量、数量、场地等实际情况有关。

**2-22 风力发电机组的发电机绝缘等级的选用标准是多少？**

答：风力发电机组的发电机的绝缘等级的一般选用 F 级。

**2-23 风速传感器的测量范围是多少？**

答：风速传感器的测量范围是 0～60m/s。

**2-24 什么是水平轴风力发电机？**

答：风轮轴线基本上平行于风向的发电机。

**2-25 何为风力发电机组的保护系统？**

答：确保风力发电机组运行在设计范围内的系统。

**2-26 风力发电机组的机械刹车最常用形式有哪几种？**

答：在风力发电机组中，最常用的机械刹车形式为盘式、液压、常闭式制动器。

**2-27 风力发电的经济效益主要取决于哪些因素？**

答：风力发电的经济效益主要取决于风能资源、电网连接、交通运输、地质条件、地形地貌和社会经济多方面复杂的因素。

**2-28 比较低速风电机与高速风电机的主要特点。**

答：低速风电机有较多叶片，实度大，启动力矩大，转速低；高速风电机有 3 个叶片或更少，因此实度小、启动力矩小、转速高。

**2-29 简述并网风力发电机组的发电原理。**

答：并网风力发电机组的发电原理是将缝中的动能转换成机械能，再将机械能转换成电能，以固定的电能频率输送到电网中的过程。

**2-30 造成风力发电机绝缘电阻低的可能原因有哪些？**

答：造成风力发电机绝缘电阻低的可能原因：发电机温度过高，机械性损伤，潮湿，灰尘，导电微粒或其他污染物污染侵蚀发电机绕组等。

**2-31 目前风力发电机组的功率调节有哪几种方法？**

答：目前风力发电机组的功率调节主要有两个方法，且大都采用空气动力方法进行调节。一种是定浆距调节方法，另一种是变浆距调节方法。

**2-32 简述风力发电机偏航系统的功能。**

答：偏航系统的功能是跟踪风向的变化，驱动机舱围绕塔架中心线旋转，使风轮扫掠面与风向保持垂直。

**2-33 风力发电机组的偏航系统一般由哪几部分组成？**

答：风力发电机组由偏航轴承、偏航驱动装置、偏航制动器、偏航计数器、纽缆保护装置、偏航液压回路等部分组成。

**2-34 双馈异步发电机变频器由哪几部分组成？**

**答：**由设备侧变频器、直流电压中间电路、电网侧变频器、IGBT 模块、控制电子单元五部分组成。

**2-35 风电场主要有哪些电气设备？**

**答：**主变压器、开关（断路器）、刀闸（隔离开关）、电流互感器、电压互感器、保护装置、自动装置、箱式变压器、场内线路（架空线、电缆）、风力发电机及其相关控制装置。

**2-36 简述双馈发电机的原理。**

**答：**为了弥补转子速度和同步转速之间的转速差，双馈异步风力发电机采用对转子绕组进行交流励磁的方法，使交流励磁电流在转子绕组中感应出一个相对自身旋转的磁场。这样气隙中的旋转磁场的转速就由两部分组成，一部分是转子的机械转速，一部分是电磁转速。二者的矢量和构成产生定子中感应电动势的同步转速。

当发电机并网发电时，发电机的同步转速是恒定的，与电网频率和定子极对数有关，即 $60f_s/P_s = n_r + 60f_r/P_r$。其中：$f_s$ 为发电机定子电压频率；$P_s$ 为发电机定子的极对数；$P_r$ 为发电机转子的极对数；$n_r$ 为双馈发电机的转速；$f_r$ 为发电机转子励磁电流频率。

综上所述，当转速 $n_r$ 发生变化时，若调节 $f_r$ 可使 $f_s$ 保持恒定不变，实现双馈发电机的变速恒频发电控制。双馈异步发电机在形式上和绕线转子电动机是一致的，要实现风力发电机组的变速恒频发电控制，转子绕组经过集电环，由双馈变频器提供交流励磁，双馈变频器由电网供电。

**2-37 什么是 SL1500 型双馈发电机？**

**答：**SL1500 风机装有一台双馈异步感应发电机，发电机装有一个全封闭式的集电环装置确保低磨损，为了避免发电机受潮损坏，发电机安装有加热绕组。此外在发电机两个轴承以及绕组上装有温度传感器用于监测轴承温度和绕组温度。

带集电环三相双馈异步发电机的转子与变频器连接可向转子

回路提供可调频率的电压，这样输出转速可以在同步转速±30%的范围内调节。在亚同步运行模式下，电能通过变频器、转子回路、定子回路再反馈至电网中。在超同步运行模式下，大约有80%的电能可以通过定子输送给电网，其余的电能可通过转子和变频器输送到电网。通过变频器和发电机之间的反馈，可以使发电机频率无论是在亚同步运行模式下还是在超同步运行模式下都能够与电网频率保持一致。

**2-38　简述发电机用变频器的原理。**

**答**：变频器采用"交直交"形式，两边各有一个 PWM 变流器，和电网连接的一侧称为网侧变流器，和转子连接的一侧称为转子侧变流器，中间使用直流环节将网侧变流器与转子侧变流器连接起来。变流器可以实现整流和逆变两种功能。功率元件使用 IGBT，中间回路使用电容建立直流环节。

**2-39　什么是发电机的三种工作状态？**

按照发电机转子转速和同步转速之间的关系，双馈发电机有三种不同的工作状态。正是这种特点，使得双馈发电机组能在较宽的一段风速范围内稳定发电。

（1）亚同步状态：转子的机械转速小于发电机的同步转速（$0 < S < 1$）。变频器对双馈异步发电机的转子进行励磁的最终目的就是在转子绕组中产生一个旋转的磁场，这个磁场的转速和转子的机械转速合成为发电机的同步转速，使异步发电机像同步发电机一样运行。此时的电能流动关系是变频器给转子供电，电能由电网流向转子，再由转子感应定子将电能反馈到电网。

（2）同步状态：转子的机械转速等于发电机的同步转速（$S = 0$）。双馈变频器给转子提供直流励磁，此时双馈异步发电机就是同步发电机运行模式。除了转子绕组的一些损耗外，机械能全部转化为电能从定子输出到电网。

（3）超同步状态：转子的机械转速大于发电机的同步转速（$S < 0$）。此时发电机定子和转子都处于发电状态，机侧变频器处于整流状态，网侧变流器处于逆变状态。转子发出的电能输送给

电网。

注：这里 $S$ 为转差率。

**2-40 变桨系统主要电气元器件包括什么？**

**答：** 变桨系统电气元件主要包括变桨电机、变桨控制柜、变桨变频器、编码器、电磁感应接近传感器、极限工作位置开关、集电环。

**2-41 变桨机柜主要包括什么？**

**答：** 变桨机柜包括变桨变频器、刹车断路器、总开关、外接230V AC 航空插头、机柜加热系统及用于 DO 输出控制的 24V DC 继电器。

**2-42 集电环系统的作用是什么？**

**答：** 风电集电环通常安装在风机齿轮箱低速轴端或轮毂中心，用于传输变桨功率和控制所需的能量和电气信号。

**2-43 什么是集电环系统的电气性能？**

**答：** 快速短路、断路、加热、等电位。

**2-44 设置电池柜的目的是什么？**

**答：** 设置电池系统的目的是为了在外部电源中断时，风机仍能通过变桨电池获取紧急顺桨的动力电源。

**2-45 什么是中性点位移？**

**答：** 当星形连接的负载不对称时，如果没有中性线或中性线的阻抗较大，就会出现中性点电压，这种现象叫作中性点位移。

**2-46 什么是邻近效应？**

**答：** 指一个导体内交流电流的通过和分布受邻近导体中交流电所产生磁场影响的物理现象。

**2-47 什么是静电屏蔽？**

**答：** 用导体制成的屏蔽外壳处于外电场中，由于壳内电场强度为零，可使放在壳内的设备不受外电场干扰；或将带电体放在接地金属外壳内，可使壳内电场的电力线不穿到壳外。以上两种情况，均称静电屏蔽。

### 2-48 电压、电动势有什么区别？

答：电压是反映电场力做功的概念，其正方向是电位降的方向；而电动势是反映外力克服电场力做功的概念，其正方向是电位升的方向。

### 2-49 目前我国规定的输电线路标准电压等级有哪些？

答：目前我国规定的输电线路标准电压等级有 0.22kV、0.38kV、3kV、6kV、10kV、35kV、110kV、220kV、330kV、500kV、750kV。

### 2-50 什么是电阻？什么是电阻率？

答：电流在导体内流动所受到的阻力称为电阻。

电阻率又名电阻系数，指某种 1m 长、截面积 $1mm^2$ 的导体在温度为 20℃时的电阻值。

### 2-51 什么是电功？如何计算？

答：电流在一段时间内通过某一电路时电场力所做的功，称为电功。

计算公式：电功＝电功率×时间。

### 2-52 什么是电功率？如何计算？

答：电流在单位时间内做的功叫作电功率，电功率是用来表示电能消耗快慢的物理量。

计算公式：电功率＝电功/时间。

### 2-53 什么是欧姆定律？如何计算？

答：欧姆定律指在同一电路中，导体中的电流跟导体两端的电压成正比，跟导体的电阻阻值成反比。

计算公式：电流＝电压/电阻。

### 2-54 导体、绝缘体、半导体是怎样区分的？

答：导体、绝缘体、半导体主要是根据导电性能的强弱来区分的。把容易导电的物体叫作导体，如金属、石墨、人体等。把不容易导电的物体叫作绝缘体，如橡胶、玻璃、塑料、陶瓷等。

把导电性能介于导体和绝缘体之间的材料叫作半导体，如锗硅、砷化镓等。但是，导体、绝缘体、半导体在外部条件（如温度、高压等）发生变化时，它们之间可以相互转化。

**2-55　什么是绝缘强度？**

答：绝缘物质在电场中，当电场强度增大到某一极限时就会被击穿，这个导致绝缘击穿的电场强度称为绝缘强度。

**2-56　电阻的大小与哪些因素有关？**

答：电阻的大小与导线的截面积、长度、材料有关。

**2-57　什么是电路？各部分有何作用？**

答：电路是由电源、导线、开关和用电器等共同构成的闭合回路。

各部分的作用如下：

（1）电源：提供电能。

（2）导线：输送电能。

（3）开关：控制电路或用电器的接通和断开。

（4）用电器：消耗电能。

**2-58　电路有哪几种工作状态？**

答：电路有 3 种工作状态，即空载状态、负载状态和短路状态。

**2-59　电如何分类？**

答：电可分为直流电和交流电。交流电指大小和方向按一定的交变周期变化的电。直流电指电流方向一定，且大小不变的电。交流电又可分为单相交流电和三相交流电。

另外，按电压等级划分，电又可分为高压电和低压电。1000V以上的为高压电，1000V 及其以下的为低压电。

**2-60　什么是交流电的周期？**

答：交流电的周期指交流电每变化一周所需的时间。

**2-61　什么是交流电的频率？**

答：交流电的频率指单位时间内交流电重复变化的周期数。

**2-62 什么是工频?**

答:工频指工业上用的交流电频率,我国规定工频为50Hz,有些国家规定工频为60Hz。

**2-63 什么是谐波?**

答:电力系统中有非线性(时变或时不变)负载时,即使电源都以工频50Hz供电,当工频电压或电流作用于非线性负载时就会产生不同于工频的其他频率的正弦电压或电流,这些不同于工频的正弦电压或电流称为电力谐波。

**2-64 什么是交流电的幅值?**

答:交流电的幅值指交变电流在一个周期内出现的最大值。

**2-65 什么是正弦交流电?它的三要素是什么?**

答:大小和方向随时间按正弦规律变化的交流电流称为正弦交流电。

正弦交流电的三要素:幅值、频率、初相位。

**2-66 正弦交流电电动势瞬时值如何表示?**

答:正弦交流电电动势=幅值×sin(角频率×时间+初相位)。

**2-67 什么是正弦交流电平均值?它与幅值有何关系?**

答:正弦交流电平均值通常指正半周内的平均值。

它与幅值的关系:平均值=幅值×0.637。

**2-68 什么是正弦交流电有效值?它与幅值有何关系?**

答:正弦交流电有效值是在两个相同的电阻器件中分别通过直流电和交流电,如果经过同一时间,它们发出的热量相等,那么就把此直流电的大小作为此交流电的有效值。

它与幅值的关系:有效值=幅值×0.707。

**2-69 电源有哪些连接方式?各应用于什么场合?**

答:电源一般有串联、并联两种连接方式。

电源串联是将各电源正极与负极依次连接,多用于高电压、小电流的电路中。电源并联是将各电源的正极与正极、负极与负极相连接，多用于低电压、大电流的电路中。

**2-70 电阻的基本连接方式有哪几种？各有何特点？**

**答：** 电阻的基本连接方式有串联、并联、复联 3 种。

电阻串联是将电阻一个接一个成串连接起来，即首尾依次相连，有以下特点：

（1）总电流与各分电阻的电流相等。

（2）总电阻等于各分电阻之和。

（3）总电压等于各分电阻的电压之和。

电阻并联是将电阻的两端连接于共同两点，并施以同一电压即首与首、尾与尾连接在一起，有以下特点：

（1）总电压与各分电阻的电压相等。

（2）总电阻等于各分电阻倒数之和。

（3）总电流等于各分电阻的电流之和。

电阻复联就是电路中既有串联，又有并联的电路。

**2-71 什么是电能质量？**

**答：** 电能质量用于表征电能品质的优劣程度，包括电压质量和频率质量两部分。

**2-72 什么是基尔霍夫定律？**

**答：** 基尔霍夫定律分为节点电流定律和回路电压定律。

节点电流定律指在电路中流进节点的电流之和等于流出节点的电流之和。

回路电压定律指在任意一条闭合回路，电动势的代数和等于各个电阻上电压降的代数和。

**2-73 什么是电压源？**

**答：** 电压源即理想电压源，是从实际电源抽象出来的一种模型，不论流过它的电流是多少，在其两端总能保持一定的电压。

**2-74 什么是电流源？**

**答：** 电流源即理想电流源，是从实际电源抽象出来的一种模型，不论其两端的电压为多少，其总能向外提供一定的电流。

**2-75 什么是戴维南定理？**

答：含独立电源的线性电阻单口网络，对外电路而言，可以等效为一个电压源和电阻串联的单口网络。

**2-76 什么是诺顿定理？**

答：含独立电源的线性电阻单口网络，对外电路而言，可以等效为一个电流源和电阻并联的单口网络。

**2-77 什么是磁场？**

答：磁场是一种既看不见又摸不着的特殊物质，能够产生磁力。

**2-78 磁场与电场有什么关系？**

答：随时间变化的电场产生磁场，随时间变化的磁场产生电场，两者互为因果，形成电磁场。

**2-79 什么是电流的磁效应？**

答：电流流过导体时，在导体周围产生磁场的现象，称为电流的磁效应。

**2-80 什么是电磁感应？**

答：穿过闭合电路的磁通量发生变化，闭合电路中都会有电流产生，这种利用磁场产生电流的方法叫作电磁感应。

**2-81 什么是自感？**

答：当闭合回路中的电流发生变化时，由此电流产生穿过回路本身的磁通也发生变化，因此在回路中就产生感应电动势，这种现象称为自感现象，这种感应电动势称为自感电动势。

**2-82 什么是互感？**

答：两个线圈互相靠近，其中第一个线圈中电流所产生的磁通有一部分与第二个线圈相环链，当第一个线圈中的电流发生变化时，其与第二个线圈环链的磁通也发生变化，在第二个线圈中产生感应电动势，这种现象叫作互感现象。

**2-83 什么是楞次定律？**

答：线圈中感应电动势的方向总是企图使它所产生的感应电

流反抗原有磁通的变化，即感应电流产生新的磁通反抗原有磁通的变化，这个规律称为楞次定律。

**2-84 如何判断载流导体的磁场方向？**

答：判定载流导体的磁场方向可以用右手定则，具体方法如下：

（1）如果是载流导线，用右手握住载流导体，拇指指向电流方向，其余四指所指方向就是磁场方向。

（2）如果是载流线圈，用右手握住线圈，四指方向符合线圈中电流方向，这时拇指所指方向为磁场方向。

**2-85 如何判断通电导线在磁场中的受力方向？**

答：判断通电导线在磁场中的受力方向用左手定则，即伸开左手，使拇指与其他四指垂直，让磁力线垂直穿过手心，四指指向电流方向，则拇指方向就是导体受力方向。

**2-86 什么是电容？**

答：电容指容纳电量的能力，是表现电容器容纳电荷本领的物理量。

**2-87 什么是电容器？**

答：电容器指能够存储电场能量的元件，任何两个彼此绝缘且相隔很近的导体间都可构成一个电容器。

**2-88 电容器有何特点？**

答：（1）通交流、隔直流。

（2）电流超前电压 90°的电角度。

**2-89 为什么电容器可以隔直流？**

答：电容器中流过的电流与电容器上的电压变化率成正比。在直流电路中，电压是不变的，故电容器中流过的电流为零，相当于开路，可以隔直流。

**2-90 电容器的串联与并联分别有什么特点？**

答：电容器串联是将各电容器头尾依次连接起来，其特点如下：

（1）总电压等于各电容器的电压之和。

（2）总电容等于各电容器电容倒数之和。

电容器并联是将各电容器头与头、尾与尾连接起来，其特点如下：

（1）总电压与各电容器电压相等。

（2）总电容等于各电容器电容之和。

### 2-91　什么是容抗？

**答：**电容器在电路中对交流电所起的阻碍作用称为容抗。

### 2-92　什么是电感？

**答：**电感是衡量线圈产生电磁感应能力的物理量。给一个线圈通入电流，通过线圈的磁通量和通入的电流是成正比的，它们的比值叫作自感系数，也叫电感。

### 2-93　什么是电感器？

**答：**电感器是能够把电能转化为磁能而存储起来的元件。电感器的结构类似于变压器，但只有一个绕组，又称扼流器、电抗器。

### 2-94　电感器有何特点？

**答：**（1）通直流，阻止交流电流变化。

（2）电流滞后电压 90°的电角度。

### 2-95　为什么电感器可以通直流？

**答：**电感器两端的电压与通过电感器的电流的变化量成正比，在直流电路中，电流大小和方向是不变的，故电感器两端电压为零，相当于短路，可以通直流。

### 2-96　电感有什么作用？

**答：**电感在直流电路中不起什么作用，对突变负载和交流电路起抗拒电流变化的作用。

### 2-97　什么是感抗？

**答：**电感器在电路中对交流电所起的阻碍作用称为感抗。

**2-98 什么是电抗?**

**答:** 电容器和电感器在电路中对交流电所起的阻碍作用合称电抗。

**2-99 什么是阻抗?**

**答:** 电阻、电容器和电感器在电路中对交流电所起的阻碍作用合称阻抗。

**2-100 什么是有功功率、无功功率和视在功率?**

**答:** 有功功率指在交流电路中,电阻元件所消耗的功率。

无功功率指在交流电路中,电感或电容元件不消耗能量,而与电源进行能量交换的那部分功率。

视在功率指在交流电路中,电压与电流的乘积。

**2-101 什么是趋表效应?**

**答:** 当直流电流通过导线时,电流在导线截面上的分布是均匀的;当交流电流通过导线时,电流在导线截面上的分布是不均匀的,中心处电流密度小,而靠近表面的电流密度大,这种交流电流通过导线时趋于表面的现象叫作趋表效应,也叫作集肤效应。

**2-102 什么是三相交流电?**

**答:** 三相交流电是电能的一种输送形式,简称三相电。三相交流电源是由三个频率相同、振幅相等、相位互差 120°的交流电势组成的电源。

**2-103 为什么工业上用三相电?**

**答:** 三相交流电的 3 根线都是相线,传递的电能效率高。另外,相位互差 120°能够直接产生"方向确定,有启动力矩"的旋转磁场。

**2-104 什么是相序?相序对电动机有何影响?**

**答:** 相序就是相位的顺序,是三相交流电的瞬时值达到某数值的先后次序。相序主要影响电动机的运转,如果相序接反的话,电动机就会反转。

**2-105 什么是线电压?什么是相电压?**

**答:** 在三相电路中,任何一个相线与中性线间的电压称为相电压。

在三相电路中，任何两个相线之间的电压称为线电压。

### 2-106  什么是线电流？什么是相电流？

答：在三相电路中，流过每相的电流称为相电流。

在三相电路中，流过任意两相线的电流称为线电流。

### 2-107  对称的三相交流电路有何特点？

答：（1）各相的相电势与线电势、线电压与相电压、线电流与相电流的大小分别相等，相位互差 120°，三相各类量的相量和瞬时值之和均为零。

（2）三相绕组及输电线路的各相阻抗大小和性质均相同。

（3）不论是星形接线，还是三角形接线，三相总的电功率等于一相电功率的 3 倍，且等于线电压有效值和线电流有效值乘积的 $\sqrt{3}$ 倍。

### 2-108  三相电路中的负载有哪些连接方式？

答：三相电路中的负载有星形和三角形两种连接方式。

### 2-109  什么是负载星形连接方式？有何特点？

答：将负载的三相绕组的末端 X、Y、Z 连成一个节点，而始端 A、B、C 分别用导线引出接到电源，这种接线方式称为负载的星形连接。星形连接有以下特点：

（1）线电流等于相电流。

（2）线电压有效值是相电压有效值的 $\sqrt{3}$ 倍。

（3）线电压的相位超前有关相电压 30°。

### 2-110  什么是负载三角形连接方式？有何特点？

答：将三相负载的绕组依次首尾相连构成的闭合回路，再以首端 A、B、C 引出导线接至电源，这种接线方式叫作负载的三角形连接。三角形连接有以下特点：

（1）相电压等于线电压。

（2）线电流是相电流的 $\sqrt{3}$ 倍。

（3）线电流滞后于相电流 30°。

**2-111 什么是中性点位移？中线对中性点位移的作用是什么？**

答：三相电路连接成星形时，在电源电压三相负载对称，则中性点电压为零；若三相负载不对称，则在负载对称的情况下，若中性点会出现电压，即电源中性点和负载中性点间的电压不再为零，这种现象叫作中性点位移。

中性点位移引起负载上各相电压分配不对称，致使某些相的负载电压过高，可能造成设备损坏，而另一些相的负载电压较正常时低，由于达不到额定值，设备不能正常工作。

可见，当三相负载不对称时，必须接入中线，且使中线阻抗为零，才能消除中性点位移。一般照明线路很难做到三相负载平衡，所以应采用三相四线制供电方式。

**2-112 什么是短路？**

答：在物理学中，电流不通过电气设备直接接通叫作短路。

在正常供电的电路中，电流是流经导线和用电负荷，再回到电源上，形成一个闭合回路的。但是，如果在电流通过的电路中，中间的一部分由两根导线碰在一起，或者是被其他电阻很小的物体短接，就会形成短路。

**2-113 短路有何危害？**

答：短路时电流不经过负载，只在电源内部流动，由于内部电阻很小，则电流很大，强大的电流将产生很大的热效应和机械效应，可能使电源或电路受到损坏，甚至可能引起火灾。

**2-114 短路的原因有哪些？**

答：（1）接线错误。

（2）绝缘损坏。

（3）操作错误。

**2-115 什么是开路？**

答：开路相当于断路，指在一个闭合的电路中某点断开了，在电路中没有电流通过。开路时可理解为在开路处接入了一个无穷大的电阻。

### 2-116 什么是线性电阻？什么是非线性电阻？

**答：**电阻两端的电压与通过它的电流成正比，其伏安特性曲线为直线，这类电阻称为线性电阻，其电阻值为常数；反之，电阻两端的电压与通过它的电流不是线性关系，这类电阻称为非线性电阻，其电阻值不是常数。

### 2-117 简述无功功率补偿的基本原理。

**答：**把具有容性负荷的装置与具有感性负荷的装置并联接在同一电路，当容性负荷释放能量时，感性负荷吸收能量；而感性负荷释放能量时，容性负荷却在吸收能量，能量在两种负荷之间交换。这样，感性负荷所吸收的无功功率可从容性负荷输出的无功功率中得到补偿，这就是无功功率补偿的基本原理。

第三章

# 电工及机械基础

**3-1 采用保护接零的供电系统，其中性点接地电阻的阻值是多少？**

答：凡是采用保护接零的供电系统，其中性点接地电阻不得超过 4Ω。

**3-2 在风力发电机电源线上并联电容器的目的是什么？**

答：在风力发电机电源线上并联电容器的目的是为了提高功率因数。

**3-3 风力发电机组系统接地电阻的标准是什么？**

答：风力发电机组系统接地电阻应小于 4Ω。

**3-4 什么是变频器？**

答：变频器本质上是一种通过频率变换方式进行转矩和磁场调节的电机控制器。

**3-5 变频器按照主电路工作方式应如何分类？**

答：可以分为电压型变频器和电流型变频器。

**3-6 速度编码器的作用是什么？**

答：速度编码器安装在集电环盖的末端，用于监控风力发电机的转速。

**3-7 G52 机组功率调节方式是什么？**

答：G52 机组功率调节方式是变桨调节。

**3-8 SL1500 风力发电机组偏航电机功率和变桨电机功率是多少？**

答：SL1500 风力发电机组偏航电机功率为 2.2kW，变桨电机功率为 3kW。

**3-9 什么是胶合现象？**

答：互相啮合的轮齿齿面在一定的温度或压力作用下发生黏着，随着齿面的相对运动，使金属从齿面上撕落而引起严重的黏着磨损现象称为胶合。

**3-10 风力发电机组的齿轮箱常采用什么方式润滑？并说明 SL1500 风力发电机组与 G52 风力发电机组分别采用哪种润滑方式。**

答：风力发电机组的齿轮箱常采用飞溅润滑或强制润滑，一般以强制润滑为多见。SL1500 风力发电机组采用飞溅润滑；G52 风力发电机组采用强制润滑。

**3-11 如何将一台正转的电动机设法实现反转？**

答：任意调换两相即可。

**3-12 什么是整流？整流是如何实现的？**

答：整流电路是一种将交流电（AC）变换为直流电（DC）的变换电路，是利用半导体二极管的单向导电性和晶闸管是半控型器件的特性实现的。

**3-13 如何用晶闸管实现可控整流？**

答：在整流电路中，晶闸管在承受正向电压的时间内，改变触发脉冲的输入时刻，即改变控制角的大小，在负载上可得到不同数值的直流电压，因而控制了输出电压的大小。

**3-14 逆变电路进行逆变工作需具备哪些条件？**

答：逆变电路必须同时具备下列两个条件才能产生有源逆变：

（1）变流电路直流侧应具有能提供逆变能量的直流电源电势 $E_d$，其极性应与晶闸管的导电电流方向一致。

（2）变流电路输出的直流平均电压 $U_d$ 的极性必须与整流电路相反，以保证与直流电源电势 $E_d$ 构成同极性相连，且满足 $U_d < E_d$。

**3-15 整流电路、滤波电路、稳压电路各有什么作用？**

答：整流电路的作用：将交流电压整流成单方向的脉动电压。

滤波电路的作用：滤除单向脉动电压中的交流分量，使输出电压更接近直流电压。

稳压电路的作用：用来稳定电源电路的输出电压。由于各种情况，交流电的供电电压是不稳定的，因此会造成整流滤波电路输出的直流电压也不稳定。另一方面，由于整流滤波电路必然存在内阻，当负载电流发生变化时，输出电压也会受到影响而发生变化。为了稳定直流电压，设计中必须在整流滤波电路之后采用稳压电路。

**3-16　简述单相半波整流电路的工作原理及特点。**

答：在变压器的二次绕组的两端串联一个整流二极管和一个负载电阻。当交流电压为正半周时，二极管导通，电流流过负载电阻；当交流电压为负半周时，二极管截止，负载电阻中没有电流流过。所以负载电阻上的电压只有交流电压的正半周，即达到整流的目的。

单相半波整流电路的特点：接线简单，使用的整流元件少，但输出电压低，效率低，脉动大。

**3-17　简述全波整流电路的工作原理及特点。**

答：工作原理：全波整流是一种对交流整流的电路。在这种整流电路中，在半个周期内，电流流过一个整流器件（如晶体二极管），而在另一个半周内，电流流经第二个整流器件，并且两个整流器件的连接能使流经它们的电流以同一方向流过负载。全波整流前后的波形与半波整流的区别，是在全波整流中利用了交流的两个半波，这就提高了整流器的效率，并使已整电流易于平滑。因此在整流器中广泛地应用着全波整流。在应用全波整流器时其电源变压器必须有中心抽头。无论正半周或负半周，通过负载电阻 $R$ 的电流方向总是相同的。

特点：输出电压大，脉动小，电流大，整流效率也较高。但因变压器的二次绕组要有抽头，使其体积增大，工艺复杂，而且两个二极管只有半个周期内有电流流过，使变压器的利用率降低，二极管承受的反向电压增大。

### 3-18 什么是微分电路和积分电路？

**答：**利用电容器两端间的电压不能突变的原理，能将矩形波变成尖脉冲波的电路称微分电路，能将矩形波变成锯齿波的电路称为积分电路。

### 3-19 什么是集成电路？

**答：**集成电路是相对于分立元件电路而言的，是指把整个电路的各个元件以及各元件之间的连接同时制造在一块半导体基片上，使之成为一个不可分割的整体。

### 3-20 什么是运算放大器？它主要有哪些应用？

**答：**运算放大器是一种增益很高的放大器，能同时放大直流电压和一定的交流电压，能完成积分、微分、加法等数学运算。运算放大器是一种具有高放大倍数、深度负反馈的直流放大器。

随着集成运算放大器的问世，运算放大器在测量、控制、信号等方面都得到了广泛的应用。

### 3-21 为什么负反馈能使放大器工作稳定？

**答：**在放大器中，由于环境温度的变化、管子老化、电路元件参数的改变以及电源电压波动等原因，都会引起放大器的工作不稳定，导致输出电压发生变化。如果放大器中具有负反馈电路，当输出信号发生变化时，通过负反馈电路可立即把这个变化反映到输入端，通过对输入信号变化的控制，使输出信号接近或恢复到原来的大小，使放大器稳定工作。且负反馈越深，放大器的工作性能越稳定。

### 3-22 DC/DC变换电路的主要形式和工作特点是什么？

**答：**DC/DC变换器有两种主要的形式，一种是逆变整流型，另一种是斩波电路控制型。

逆变整流型特点：将直流电压逆变成一个固定的高频交流电压，将这个交流电压经变压器变为所要求的交流电压，再整流成所需要的直流电压。逆变电路一般采用恒压、恒频控制，它适用于小功率的电源变换和变压比较大的变换。

斩波电路控制型特点：可选用多种脉冲调制方式作为控制输

入，适用于不需要隔离的场合和升压、降压比不大的场合。

**3-23 斩波电路的主要功能和控制方式是怎样的？**

答：直流斩波电路是一种直流/直流（DC/DC）变换电路，其主要功能是通过控制直流电源的通和断，实现对负载上的平均电压和功率的控制，即所谓的调压、调功功能。

斩波电路常用的控制方式：时间比控制方式、瞬时值控制方式和时间比与瞬时值相结合的控制方式。

**3-24 电场和磁场的基本概念是什么？各有何特性？**

答：在带电体周围的空间存在着一种特殊的物质，它对放在其中的任何电荷表现为力的作用，这一特殊物质叫作电场。磁场也是一种特殊形态的物质，它的存在通常是通过对磁性物质和运动电荷具有作用力而表现出来。

磁场和电场相似，均具有力和能的特性。

**3-25 电力线与磁力线的特点各是什么？**

答：在静电场中，电力线是一簇假想的，用来描述电场状态的曲线，曲线上每一点的切线方向代表该点电场强度的方向，曲线的疏密程度表示电场强度的大小。电力线总是从正电荷出发，终止于负电荷，不闭合、不中断、不相交。

磁力线也是一簇假想的，用来描述磁场特性的虚拟曲线，曲线上某点的切线方向表示该点磁场的方向，曲线的疏密表示该点磁感应强度的大小。磁力线总是从磁铁 N 极出发回到 S 极，在磁铁内部是从 S 极到 N 极的闭合曲线，不中断、不相交。

**3-26 电路和磁路的基本概念是什么？二者有何区别？**

答：简单地说，电路就是电流流通的路径，它是由若干电气设备包括电源、负载和开关、电器及传输导线等部件按一定方式组合起来的。分析电路常用的基本定律有欧姆定律、基尔霍夫电压定律和基尔霍夫电流定律等。

所谓磁路，同样可以简单地理解为是磁通流通的路径。由于电器设备的铁芯材料都具有相当高的磁导率，远大于铁芯周围的空气、真空或油的磁导率，因此当线圈中流经电流时，产生的磁通绝大多数会被约束在由铁芯及铁芯中的气隙构成的磁路中流通，称为主磁通。而铁芯外部相对很弱的磁通称为漏磁通。

电路和磁路在形式上有可类比之处，但二者有本质的区别。电路中流通的电流是由真实的带电粒子运动而形成的，而磁路中"流通"的磁通只是一种假想的分析手段而已。直流电通过电阻会引起能量损耗，而恒定磁通通过磁阻不会引起任何形式的能量损失，只是表示有能量存储在该磁阻代表的磁路当中。

### 3-27  什么是楞次定律？

答：线圈中感应电动势的方向总是企图使它所产生的感应电动势反抗原有磁通的变化，这一规律称为楞次定律。楞次定律可以简单地表述为，感应电动势或感应电流总是阻碍产生它本身的原因。

### 3-28  如何利用楞次定律判定感应电动势或感应电流的方向？

答：利用楞次定律可以判断任何感应电动势或感应电流的方向。如，在磁铁插入线圈的过程中，穿过线圈的磁通是从无到有、从少到多的增加过程，即 $\cos\varphi > 0$，在这个过程中产生感生电流。这个感应电流所产生的磁通是阻碍外加磁通增加的，它的方向与外加磁通相反。既然感应电流的磁通方向已确定，那么按右手螺旋定则可以容易地确定出感应电流的方向。

### 3-29  小电流接地系统发生单相接地时有何现象？

答：小电流接地系统发生单相接地时的现象：故障相电压降低，非故障相电压升高；若为金属性接地，故障相电压为零，非故障相电压上升为线电压。

### 3-30  小电流接地系统单相接地后为何不能长期运行？

答：长期运行可能引起健全相的绝缘薄弱点被击穿而接地，造成两相异地接地短路，出现较大的短路电流，损坏设备、扩大事故范围。因接地的电容电流流过变压器，使油温升高而损坏变压器，故不能长期运行。

### 3-31  电力系统的中性点接地方式有哪几种，各有何特点？

答：我国电力系统的中性点接地方式主要有两种，分别为中性点直接接地方式（大电流接地）、中性点不直接接地方式（小电流接地）。

中性点直接接地的系统发生单相接地故障时，接地短路电流很大，这种系统又称为大接地电流系统。

中性点不直接接地的系统又分为完全不接地系统、经接地电阻柜接地系统、经消弧线圈接地系统三种。发生单相接地故障时，因为不直接构成短路回路，接地故障电流往往比负荷电流小得多，所以称其为小接地电流系统。

**3-32 简述采用中性点不直接接地方式的优缺点。**

答：优点：

（1）单相接地，不破坏系统对称性，可带故障运行一段时间，保证供电连续性。

（2）通信干扰小。

缺点：

（1）单相接地故障时，非故障相对地工频电压升高。

（2）此系统中，对电气设备的绝缘要求按线电压设计。

（3）可能产生过电压等级相当高的间歇性弧光接地过电压，且持续时间较长，危及网内绝缘薄弱设备，继而引发两相接地故障，引起停电事故。

（4）系统内谐振过电压引起电压互感器熔断器熔断，烧毁电压互感器，甚至烧坏主设备。

**3-33 中性点直接接地方式的特点有哪些？**

答：中性点直接接地系统，也称大接地电流系统。这种系统中一相接地时，出现除中性点以外的另一个接地点，构成了短路回路，因接地故障相电流变得很大，为了防止设备损坏，必须迅速切断电源，因而供电可靠性低，易发生停电事故。但这种系统上发生单相接地故障时，由于系统中性点的钳位作用，使非故障相的对地电压不会有明显的上升，因而对系统绝缘是有利的。

**3-34 为何 110kV 及以上的系统采用中性点直接接地方式？**

答：我国 110kV 及以上电压等级的电网一般都采用中性点直接接地方式，在中性点直接接地系统中，由于中性点电位固定为地电位，发生单相接地故障时，非故障相的工频电压升高不会超过相电压；暂态过电压水平也相对较低；继电保护装置能迅速断开故障线路，设备承受过电压的时间很短，这样就可以使电网中设备的绝缘水平免于降低，从而使电网的造价降低。

直接接地系统在配电网应用中的优点：

（1）内部过电压较低，可采用较低绝缘水平，节省基建投资。

（2）大接地电流，故障定位容易，可以正确、迅速地切除接地故障线路。

### 3-35 什么是电网电容电流？

**答：**输、配电线路对地存在电容，三相导线之间也存在着电容。当导线充电后，导线就与大地之间存在一个电场，导线会通过大气向大地放电，将导线从头到尾的放电电流"归算"到一点，这个假想的电流就是电网电容电流。

### 3-36 什么是弧光过电压？

**答：**若在中性点不接地系统中发生单相接地，接地处可能出现间歇电弧，而电网总是具有电容和电感，就能形成振荡回路而产生谐振过电压，其值可达 2.5～3 倍的相电压，此种由间歇电弧产生的过电压称为弧光过电压。

### 3-37 什么是补偿度？什么是残流？

**答：**消弧线圈的电感电流与电网电容电流的差值和电网电容电流之比称为补偿度。

消弧线圈的电感电流补偿电容电流之后，流经接地点的剩余电流称为残流。

### 3-38 什么是欠补偿？

**答：**欠补偿是在补偿后，电感电流小于电容电流，或者说补偿的感抗小于线路容抗的方式。

### 3-39 什么是过补偿？

**答：**过补偿是在补偿后，电感电流大于电容电流，或者说补偿的感抗大于线路容抗的方式。

**3-40 什么是全补偿?**

**答:**全补偿是在补偿后,电感电流等于电容电流,或者说补偿的感抗等于线路容抗的方式。

**3-41 什么是电力系统静态稳定?**

**答:**电力系统静态稳定是指在电力系统受到小干扰后,不发生自发振荡或周期性失步,自动恢复到初始运行状态的能力,如负荷正常变化。

**3-42 提高电力系统静态稳定的措施有哪些?**

**答:**(1)采用自动调节系统。

(2)减小系统各元件的电抗。

(3)提高系统运行电压。

(4)改善系统的结构。

(5)增大电力系统备用容量。

**3-43 什么是电力系统动态稳定?**

**答:**电力系统动态稳定是指在电力系统受到较大干扰后,在自动装置参与调节和控制的作用下,系统进入一个新的稳定状态,并重新保持稳定运行的能力。

**3-44 提高电力系统动态稳定的措施有哪些?**

**答:**(1)变压器中性点经小电阻接地。

(2)快速切除短路故障。

(3)改变运行方式。

(4)故障时分离系统。

(5)采用自动重合闸装置。

(6)设置开关站和采用串联电容补偿。

**3-45 电能为什么要通过升压传输?**

**答:**电压升高,相应电流减小,这样就可以选用截面较小的导线,节省有色金属。电流通过导线会产生一定的功率损耗和电压降,如果电流减小,功率损耗和电压降会随着电流的减小而降低。所以,提高电压后,选择适当的导线,不仅可以提高输送功率，而且可以降低线路中的功率损耗，并改善电压质量。

### 3-46  接地体采用搭接焊接时有何要求？

答：（1）连接前应清除连接部位的氧化物。

（2）圆钢搭接长度应为其直径的 6 倍，并应双面施焊。

（3）扁钢搭接长度应为其宽度的 2 倍，并应四面施焊。

### 3-47  电力系统过电压产生的原因及特点是什么？

答：（1）大气过电压：由直击雷引起，特点是持续时间短，气冲击性强，与雷击活动强度有直接关系，与设备电压等级无关。

（2）工频过电压：由长线路的电容效应及电网运行方式的突然改变引起，特点是持续时间长，过电压倍数不高，一般对设备绝缘危害不大。

（3）操作过电压：由电网内开关操作引起，特点是具有随机性，在不利情况下的过电压倍数较高。

（4）谐振过电压：在电力系统中，一些电感、电容元件在系统进行操作或发生故障时，可形成各种振荡回路，在一定的能源作用下，会产生串联谐振现象，导致系统某些元件出现严重的过电压。

### 3-48  什么是铜耗？

答：铜耗（短路损耗）指次电流流过导体电阻所消耗的能量之和，因为导体多用铜导线制成，所以称为铜耗。它与电流的平方成正比。

### 3-49  什么是铁耗？

答：铁耗指元件在交变电压下产生的励磁损耗与涡流损耗。

### 3-50  电能损耗中的理论线路损耗由哪几部分组成？

答：电能损耗中的理论线路损耗由可变损耗和固定损耗组成。

### 3-51  电气上的"地"是什么？

答：电位等于零的地方称为电气上的"地"。

### 3-52  防雷系统的作用是什么？

答：防雷系统是一个整体的防护系统，分为内、外两个防雷系统。外部防雷系统主要对直击雷进行防护，保护人身和室外设备安全；内部防雷系统可防护雷击产生的电磁感应，保护设备不受损伤。

**3-53 外部防雷系统主要由哪几部分组成？**

答：外部防雷系统主要由接闪器、引下线和接地装置组成。

**3-54 常见的接闪器有哪几种？**

答：常见的接闪器有独立避雷针，建（构）筑物上的避雷针、避雷带，电力线路上的避雷线等。

**3-55 什么是接地、接地体、接地线、接地装置？**

答：在电力系统中，将设备和用电装置的中性点、外壳或支架与接地装置用导体进行良好的电气连接叫作接地。接地是为保证电气设备正常工作和人身安全而采取的一种安全用电措施，常用的有保护接地、工作接地、防雷接地、屏蔽接地、防静电接地等。

直接与土壤接触的金属导体称为接地体。

连接设备和接地体的导线称为接地线。

接地装置由接地体和接地线组成。

**3-56 什么是对地电压？什么是接地电阻？**

答：对地电压是以大地为参考点的带电体与大地之间的电位差。电气设备接地时的对地电压是指电气设备发生接地故障时接地设备的外壳、接地线、接地体等与零电位点之间的电位差。

接地电阻是通过接地装置泄放电流时表现出的电阻，它在数值上等于流过接地装置入地的电流与这个电流产生的电压降之比。

**3-57 什么是避雷针？**

答：避雷针又名防雷针，是用来保护建（构）筑物等避免雷击的装置。在高大建（构）筑物顶端安装一根金属棒，用金属线与埋在地下的一块金属板连接起来，利用金属棒的尖端放电，使云层所带的电和地上的电逐渐中和，从而不会引发事故。

**3-58 避雷针的作用是什么？**

答：避雷针的作用是从被保护物体上方引导雷电通过，并安全泄入大地，防止雷电直击，减小在其保护范围内的电气设备（架空输电线路及通电设备）和建（构）筑物遭受直击雷的概率。

**3-59　什么是避雷器？**

**答：**避雷器是保护设备免遭雷电冲击的设备。当沿线路传入的雷电冲击波超过避雷器的保护水平时，避雷器首先放电，并将雷电流经过良导体安全地引入大地，利用接地装置使雷电压幅值限制在被保护设备的雷电冲击水平以下，使电气设备受到保护。

**3-60　避雷器的作用是什么？**

**答：**避雷器的作用是通过并联放电间隙或非线性电阻，对入侵流动电波进行削幅，降低被保护设备所承受的过电压值。避雷器既可用来防护大气过电压，又可用来防护操作过电压。

**3-61　避雷器的主要类型有哪几种？**

**答：**避雷器主要有 4 种类型，即保护间隙避雷器、管式避雷器、阀式避雷器和氧化锌避雷器。

**3-62　避雷器与避雷针作用的区别是什么？**

**答：**避雷器主要是防感应雷的，避雷针主要是防直击雷的。

**3-63　什么是避雷器的持续运行电压？**

**答：**允许持久的加在避雷器端子间的工频电压有效值称为该避雷器的持续运行电压。

**3-64　金属氧化物避雷器的保护性能有何优点？**

**答：**（1）金属氧化物避雷器无串联间隙，动作快，伏安特性平坦，残压低，不产生截波。

（2）金属氧化物阀片允许通流能力大、体积小、质量小且结构简单。

（3）续流极小。

（4）伏安特性对称，对正极性、负极性过电压保护的水平相同。

**3-65　氧化锌避雷器有何优点？**

**答：**（1）氧化锌避雷器一般无间隙，内部由氧化锌阀片组成。

氧化锌避雷器取消了传统避雷器不可缺少的串联间隙，避免了间隙电压分布不均匀的缺点，提高了保护的可靠性，易于与被保护设备的绝缘配合。

（2）正常运行电压下，氧化锌阀片呈现极高的阻值，通过它的电流只有微安级，对电网的运行影响极小。

（3）当系统出现过电压时，它的优良的非线性特性和陡波响应特性，使其有较低的陡波残压和操作波残压，在绝缘配合上增大了陡波和操作波下的保护度。

（4）氧化锌避雷器阀片非线性系数为 30～50，在标称电流动作负载时无续流，吸收能量少，大大改善了避雷器的耐受多重雷击的能力。

（5）通流能力大，耐受暂时工频过电压的能力强。

**3-66 避雷器在投入运行前的检查内容有哪些？**

答：（1）避雷器的绝缘电阻允许值与其所在系统电压等级的设备允许值相同。

（2）下部引线接头应紧固，无断线现象。

（3）外部绝缘子套管应完整，无放电痕迹。

（4）接地线完好，接触紧固，接地电阻符合规定。

（5）雷电记录器应完好。

**3-67 避雷器运行中的注意事项有哪些？**

答：（1）避雷器检修后，应由高压试验人员做工频放电试验，并测量绝缘电阻阻值。对于能否投入运行，由工作负责人做出书面交代。

（2）除检查试验工作时间外，全年应投入运行。

（3）每次雷击或系统发生故障后，应对避雷器进行详细检查，并将放电记录器指示的数值记入避雷器动作记录簿。

**3-68 雷雨后，对避雷器的特殊检查项目有哪些？**

答：（1）仔细听内部是否有放电声音。

（2）外部绝缘子套管是否有闪络现象。

（3）检查雷电动作记录器是否已动作，并做好记录。

**3-69 允许联系处理的避雷器事故有哪些？**

答：（1）避雷器内部有轻微的放电声。

（2）套管有轻微的闪络痕迹。

**3-70 需要立即停用避雷器的故障有哪些？**

答：（1）瓷套管爆炸或有明显的裂纹。

（2）引线折断。

（3）接地线接触不良。

**3-71 什么是浪涌保护器？其作用是什么？**

答：浪涌保护器又名防雷器，是一种为各种电力设备、仪器仪表、通信线路等提供安全防护的装置。

作用：当电气回路或者通信线路中因为外界干扰突然产生尖峰电流或电压时，浪涌保护器能在极短时间内导通分流，从而避免浪涌对回路中其他设备造成损害。

**3-72 避雷器与浪涌保护器有何区别？**

答：（1）应用范围不同（电压）：避雷器的应用范围广泛，而浪涌保护器一般是 1kV 以下使用的过电压保护器。

（2）保护对象不同：避雷器保护的是电气设备，而浪涌保护器一般保护的是二次信号回路或电子仪器、仪表等末端的供电回路。

（3）绝缘水平或耐压水平不同：电气设备和电子设备的耐压水平不在一个数量级上，保护装置的残压应与保护对象的耐压水平匹配。

（4）安装位置不同：避雷器一般安装在一次系统上，而浪涌保护器多安装于二次系统上。

（5）通流容量不同：避雷器的通流容量较大，浪涌保护器的通流容量一般不大。

（6）浪涌保护器在设计上比普通防雷器精密得多，适用于低压供电系统的精细保护；避雷器在响应时间、限压效果、综合防护效果、抗老化特性等方面都达不到浪涌保护器的水平。

（7）避雷器的主材质多为氧化锌，而浪涌保护器的主材质根据抗浪涌等级的不同是不一样的。

**3-73 各种电力系统接地电阻的允许值 $R$ 是多少?**

答:高压大接地短路电流系统:$R \leqslant 0.5\Omega$。

高压小接地短路电流系统:$R \leqslant 10\Omega$。

低压电力设备:$R \leqslant 4\Omega$。

**3-74 对接地装置的巡视内容有哪些?**

答:(1)电气设备接地线、接地网的连接有无松动、脱落现象。

(2)接地线有无损伤、腐蚀、断股,固定螺栓是否松动。

(3)地中埋设件是否被水冲刷、裸露地面。

(4)接地电阻是否超过规定值。

**3-75 电气设备中的铜、铝接头为什么不直接连接?**

答:若把铜和铝用简单的机械方法连接在一起,特别是在潮湿并含盐分的环境中,铜、铝接头相当于浸泡在电解液内的一对电极,而形成电位差。在电位差作用下,铝会很快地丧失电子而被腐蚀掉,从而使电气接头慢慢松弛,造成接触电阻增大。当流过电流时,接头发热,温度升高,这不但会引起铝本身的塑性变形,更会使接头部分的接触电阻增大,直到接头烧毁为止。因此,电气设备的铜、铝接头应在采用经闪光焊接在一起的铜-铝过渡接头后,再分别连接。

**3-76 系统发生振荡时的现象有哪些?**

答:(1)变电站内的电流表、电压表和功率表的指针呈周期性摆动,若有联络线,表计的摆动则最明显。

(2)距系统振荡中心越近,电压表指针摆动越大,白炽灯忽明忽暗,非常明显。

**3-77 哪些操作容易引起过电压?**

答:(1)切空载变压器过电压。

(2)切、合空载线路过电压。

(3)弧光接地过电压。

**3-78 简述分频谐振过电压的现象及处理方法。**

答：现象：三相电压同时升高，表计有节奏地摆动，电压互感器内发出异常声响。

处理办法：

（1）投入消弧电阻柜或消弧线圈。

（2）投入或断开空线路。

（3）电压互感器开口三角绕组经电阻短接或直接短接 3~5s。

（4）投入谐振消除装置。

**3-79 简述铁磁谐振过电压的现象和处理方法。**

答：现象：三相电压不平衡，一或二相电压升高超过线电压。

处理方法：

（1）改变系统参数。

（2）投入母线上的线路。

（3）投入母线。

（4）投入母线上的备用变压器或站用变压器。

（5）将电压互感器开口三角侧短接。

（6）投、切电容器或电感器。

**3-80 简述微机型铁磁谐振消除装置的工作原理。**

答：微机型谐振消除装置可以实时监测电压互感器开口三角处的电压和频率，当发生铁磁谐振时，装置瞬时启动无触点开关，将开口三角绕组瞬间短接，产生强大阻尼，从而消除铁磁谐振。若启动谐振消除元件瞬间短接后，谐振仍未消除，则装置再次启动谐振消除元件，出于对电压互感器安全的考虑，装置可共启动三次谐振消除元件。若在三次启动过程中，谐振被成功消除，则装置的谐振指示灯点亮，以提示曾有铁磁谐振发生，查看记录后谐振灯熄灭。若谐振未消除，则装置的过电压指示灯亮，同时过电压报警报出并动作，过电压消失后恢复正常。

**3-81 什么是电压不对称度？**

答：中性点不接地系统在正常运行时，由于导线的不对称排列，各相对地电容不相等，造成中性点具有一定的对地电位，这个对地电位叫作中性点位移电压，也叫作不对称电压。不对称电压与额定电压的比值叫作电压不对称度。

**3-82 设备的接触电阻过大有哪些危害？**

答：（1）使设备的接触点发热。

（2）因时间过长，缩短设备的使用寿命。

（3）严重时可引起火灾，造成经济损失。

**3-83 常用的减少接触电阻的方法有哪些？**

答：（1）磨光接触面，扩大接触面。

（2）加大接触部分的压力，保证可靠接触。

（3）涂抹导电膏，采用铜-铝过渡线夹。

**3-84 导电脂与凡士林相比有何特点？**

答：（1）导电脂本身是导电体，能降低连接面的接触电阻。

（2）导电脂温度达到150℃以上才开始流动。

（3）导电脂的黏滞性比凡士林好，不会过多降低接头摩擦力。

# 调度自动化及线路

### 4-1　何为电力系统调度自动化？

**答：**电力系统调度自动化是指为电力系统调度自动化系统提出系统功能规划和技术装备配置方案的一项系统设计工作，是电力系统设计的组成部分。这项设计工作必须以电力系统发展规划、调度管理体制和调度职责分工为依据，从分析电力系统特点、运行需要和基础条件出发，提出与调度关系相适应，符合可靠性、实用性和经济性且便于扩充发展的总体方案及实施步骤。

### 4-2　简述电力系统调度自动化的基本功能。

**答：**（1）数据采集与监视控制。

（2）自动发电控制（AGC）和经济调度控制（EDC）。

（3）安全分析。因调度任务不同，其对调度自动化功能的要求也不同。低层次的调度主要承担局部性的运行管理和直接操作任务。一般只实现以不同水平的数据采集与监视控制系统（SCADA）功能为基础，增加变电站、水电厂集中控制功能和负荷管理、控制功能。高层次的调度由于承担具有全局性影响、需广泛协调的调度管理任务，需以 SCADA 功能为基础，进而实现 AGC/EDC 和监视系统（SA）功能，并发展其他功能，以便构成能量管理系统。

### 4-3　自动励磁调节器有什么作用？

**答：**自动励磁调节器是发电机励磁控制系统中的控制设备，其作用是检测和综合励磁控制系统运行状态的信息，包括发电机端电压 $U_G$、有功功率 $P$、无功功率 $Q$、励磁电流 $I_f$ 和频率 $f$ 等，并产生相应的信号，控制励磁功率单元的输出，达到自动调节励磁，满足发电机及系统运行需要的目的。

**4-4 调度自动化系统的主要配置系统指什么？**

答：（1）计算机系统。

（2）远动系统。

（3）人机联系系统。

此三者互有联系，且是一个有机的整体。

**4-5 调度自动化计算机系统由哪些设备组成？**

答：计算机系统其硬件由计算机、外存储器、输入输出设备等组成。

**4-6 调度自动化远动系统由哪些设备组成？**

答：远动系统由远动装置、远动通道和遥测变送器等组成。

**4-7 调度自动化人机联系系统由哪些设备组成？**

答：人机联系系统包括彩色屏幕显示装备，打印和记录设备，电力系统动态模拟屏及控制器等。发展的趋势是采用人机工作站，设计中需对各种设备尤其屏幕显示器和动态调度模拟屏的功能进行合理划分。

**4-8 简述风电场变电站自动化系统的构成。**

答：变电站是电力系统中的一个重要组成部分，其实现综合自动化是电网监控与调度自动化得以完善的重要方面。变电站综合自动化采用分布式系统结构、组网方式、分层控制，其基本功能通过分布于各电气设备的远动终端和继电保护装置的通信，完成对变电站运行的综合控制，完成遥测和遥信数据的远传，与控制中心对变电站电气设备的遥控及遥调，实现变电站的无人值守。

**4-9 什么是 AGC？**

答：在电力系统中，自动发电控制又名 AGC，是调节不同发电厂的多个发电机有功输出以响应负荷变化的系统。AGC 是能量管理系统中的一项重要功能，它通过控制着调频机组的出力以满足不断变化的电力用户需求，并使系统处于经济运行状态。

### 4-10　AGC 的作用是什么？

**答：**（1）维持系统频率为额定值，在正常稳态运行工况下，其允许频率偏差在±（0.05～0.2）Hz，且视系统容量大小而定。

（2）控制本地区与其他区间联络线上的交换功率为协议规定的数值。

（3）在满足系统安全性的条件下，对发电量实行经济调度控制（EDC）。

### 4-11　AGC 如何应用？

**答：**在电力行业中，AGC 指自动发电控制，是并网发电厂提供的有偿辅助服务之一。发电机组在规定的出力调整范围内，跟踪电力调度交易机构下发的指令，按照一定调节速率实时调整发电出力，以满足电力系统频率和联络线功率控制要求的服务。或者说，自动发电控制对电网部分机组出力进行二次调整以满足控制目标要求。

基本功能：负荷频率控制（LFC），经济调度控制（EDC），备用容量监视（RM），AGC 性能监视（AGC PM），联络线偏差控制（TBC）等。

基本目标：保证发电出力与负荷平衡，保证系统频率为额定值，使净区域联络线潮流与计划相等，最小区域化运行成本。历史已有 40 多年，并在我国 20 多个省级电网得到应用。

### 4-12　什么是 EDC？

**答：**EDC 又名经济调度控制，它通过确定最经济的发电调度以满足给定的负荷水平。

### 4-13　什么是综合自动化系统？

**答：**综合自动化系统是利用先进的计算机技术、现代电子技术、通信技术和信息处理技术等对变电站二次设备（包括继电保护、控制、测量、信号、故障录波、自动装置及远动装置等）的功能进行重新组合、优化设计，对变电站全部设备的运行情况执行监视、测量、控制和协调的一种综合性的自动化系统。

### 4-14　综合自动化系统的作用有哪些？

**答：**（1）通过变电站综合自动化系统内各设备间相互交换信

息，数据共享，完成变电站的运行监视和控制任务。

（2）变电站综合自动化系统替代了变电站常规二次设备，简化了变电站二次接线。

（3）变电站综合自动化是提高变电站安全，稳定的运行水平，降低运行维护成本，提高经济效益，向用户提供高质量电能的一项重要技术措施。

**4-15 综合自动化系统的结构形式有哪些？**

答：综合自动化系统的结构有集中式系统结构和分层分布式系统结构两种。

**4-16 什么是远动？**

答：远动是应用通信技术完成遥测、遥信、遥控和遥调等功能的总称。

**4-17 什么是远动系统？**

答：远动系统是对广阔地区的生产过程进行监视和控制的系统，包括对生产过程信息的采集、处理、传输和显示等的全部设备。

**4-18 什么是RTU？**

答：RTU又名远动终端，是主站监控的子站按规约完成远动数据采集、处理、发送、接收及输出执行等功能的设备。

**4-19 前置机的功能有哪些？**

答：（1）收集各RTU送来的实时数据，将这些数据加工处理后送进数据库。

（2）将主机发出的控制命令（遥控等）经由前置机送到RTU去执行。

（3）自动或手动进行通道检查，通道发生故障时，自动切换到备用通道上。

（4）使前置机和各RTU的时钟与主机标准时钟同步。

（5）记录统计错误信息，并将其供诊断分析之用。

**4-20 遥测、遥信、遥控和遥调分别是何含义？**

答：遥测是远方测量，简记为YC。它是将被监视厂站的主要参数变量远距离传送给调度，如厂、站端的功率、电压、电流等。

遥信是远方状态信号，简记为YX。它是将被监视厂、站的设备状态信号远距离传送给调度，如开关位置信号。

遥控是远方操作，简记为YK。它是从调度发出命令以实现远方操作和切换。这种命令通常只取两种状态指令，如命令开关的"合""分"。

遥调是远方调节，简记为YT。它是从调度发出命令以实现对远方设备进行调整操作，如变压器分接头的位置、发电机的输出功率等。

### 4-21 什么是监控系统？为什么要安装监控系统？

答：监控系统应该具备完成控制特定设备的能力，并确认它按指定的行动完成任务，也可定义为许多设备的组合。它使操作员在远处得到足够的确定变电站或发电厂内设备状态的信息，并且在这些设备上进行工作或操作，且直接在现场执行。

安装监控系统是向系统运行人员提供足够的信息，并以安全可靠而又经济的手段控制动力系统或其部分系统的操作。

### 4-22 调度自动化系统对电源有何要求？

答：交流供电电源必须可靠，应有两路来自不同电源点的供电线路供电。电源质量应符合设备的要求，电压波动宜小于±10%。为保证供电的可靠性和质量，计算机系统应采用不间断电源供电，交流电源失电后维持供电宜为1h。

### 4-23 关于自动化设备机房的要求有哪些？

答：（1）应保持机房的温度、湿度。机房温度为15～18℃；温度变化率每小时不超过±5℃；湿度为40%～75%。

（2）机房内应有新鲜空气补给设备和防噪声措施。

（3）机房应防尘，应达到设备厂商规定的空气清洁度，对部分要求净化的设备应设置净化间。

（4）计算机系统内应有良好的工作接地。若同大楼合用接地装置，接地电阻宜小于0.5Ω，接地引线应独立并同建（构）筑物绝缘。

（5）根据设备的要求，还应有防静电、防雷击和防过电压的措施。

（6）机房内应有符合国家有关规定的防水、防火和灭火设施。

（7）机房内照明应符合有关规定，并应具有事故照明设施。

### 4-24　什么是规约？

答：在远动系统中，为了正确地传送信息，必须有一套关于信息传输顺序、信息格式和信息内容等的约定，这一套约定称为规约。

### 4-25　什么是报文？

答：报文指由一个报头或若干个数据块或参数块所组成的传输单位。

### 4-26　什么是 A/D 或 D/A 转换器？衡量其性能的基本标准有哪些？

答：当计算机同外部系统打交道时，往往需要把外部的模拟信号转换成计算机能识别的数字信号输入，或把数字信号转换成模拟信号输出，实现这种模拟量与数字量之间转换的装置称作 A/D 或 D/A 转换器。

衡量其性能的基本标准有转换速度、转换精度、可靠性。

### 4-27　简述网络拓扑功能有哪些。

答：网络拓扑是调度自动化系统应用功能中的最基本功能。它根据遥信信息确定地区电网的电气连接状态，并将网络的物理模型转换为数学模型，用于状态估计，调度员潮流、安全分析，无功电压优化等网络分析功能和调度员培训模拟功能。

### 4-28　简述电力系统通信网的主要功能有哪些。

答：电力系统通信网为电网生产运行、管理、基本建设等方面服务。其主要功能应满足调度电话、行政电话、电网自动化、继电保护、安全自动装置、计算机联网、传真、图像传输等各种业务的需要。

### 4-29　电力系统有哪几种主要通信方式？

答：明线通信、电缆通信、电力载波通信、光纤通信、微波通信、卫星通信。

### 4-30 电力系统目前有哪些主要通信业务？

答：电力系统目前拥有的主要通信业务：调度电话、行政电话、电话会议通道、电话传真、远动通道、继电保护通道、交换机组网通道、保护故障录波通道、电量采集通道、电能采集通道、计算机互联信息通道、图像或系统监控通道等。

### 4-31 什么是能量管理系统？其主要功能是什么？

答：能量管理系统又名 EMS，是现代电网调度自动化系统（含硬、软件）的总称。

EMS 的主要功能由基础功能和应用功能两个部分组成。基础功能包括计算机、操作系统和 EMS 支撑系统。应用功能包括数据采集与监视、自动发电控制与计划、网络应用分析。

### 4-32 电网调度自动化系统由哪几部分组成？

答：其基本结构包括控制中心、主站系统、厂站端和信息通道3大部分。根据所完成功能的不同，可以将此系统划分为信息采集和执行子系统、信息传输子系统、信息处理子系统和人机联系子系统。

### 4-33 AGC 系统的基本功能有哪些？

答：（1）负荷频率控制。

（2）经济调度控制。

（3）备用容量监视。

（4）AGC 性能监视。

### 4-34 计算机干扰渠道有哪些？应重点解决哪些问题？

答：（1）空间干扰，即通过电磁波辐射进入系统。

（2）过程通道干扰，干扰通过与计算机连接的前向通道、后向通道及与其他主机的相互通道进入。

（3）供电系统干扰。

一般情况下，空间干扰在强度上远小于其他两种渠道的干扰，而且空间干扰可用良好的屏蔽、正确的接地与高频滤波加以解决。故应重点防止的干扰是供电系统与过程通道的干扰。

**4-35　什么是数据库？数据库的设计原则是怎样的？**

**答：**数据库是一个有规律地组织、存放数据，以及高效获取和处理数据的仓库，是一个通用的、综合性的数据集合，是当代计算机系统的重要组成部分。它不仅反映数据库本身的内容，而且也反映数据之间的关系。

设计原则：

（1）面向全组织的、复杂的数据结构，对各个类型的数据按结构化的原则和数据库管理系统的要求统一组织。

（2）数据冗余度小，易扩充。因为数据库中的数据面向整个系统，而且在网络中实现共享，从而可以起到节约存储空间，减少存取时间，避免数据之间的不相容性和不一致性的作用。

（3）有统一的数据库管理和控制功能，确保数据库的安全性、保密性、唯一性和完整性。

（4）使用操作方便、用户界面好的数据库设计的方法，主要是运用软件工程原理，按规范设计，将数据库设计分需求分析、概念设计、逻辑设计和物理设计4个阶段进行，自顶向下通过过程迭代和逐步求精来实现。

**4-36　什么是分布式数据库？**

**答：**分布式数据库是随着分布式计算机系统发展而形成的数据库。它应是一个逻辑上完整而物理上分散，在若干台互相连接的计算机（即计算机网络的结点）上的数据库系统。

**4-37　网卡物理地址、IP地址及域名有何区别？**

**答：**网卡物理地址通常是由生产厂家烧入网卡的可擦除、可编程只读存储器。它存储的是传输数据时真正用于标识信源机和信宿机的地址。也就是说，在网络层的物理传输过程中，是通过物理地址来标识主机的，它一般是唯一的。

IP地址则是整个网络的统一的地址标识符，其目的就是屏蔽物理网络细节，使得网络从逻辑上看是一个整体的网络。在实际物理传输过程中，都必须先将IP地址翻译为网卡物理地址。

域名则提供了一种直观明了的主机标识符。TCP/IP专门设计了一种字符型的主机名字机制，这就是域名系统。

由上可见，网卡的物理地址对应于实际的信号传输过程，IP地址则是一个逻辑意义上的地址，域名地址则可以简单理解为直观化了的 IP 地址。

### 4-38 调度自动化系统对实时性指标有哪些要求？

答：（1）重要遥测命令的传送时间不大于 3s。

（2）遥信变位命令的传送时间不大于 3s。

（3）遥控、遥调命令的传送时间不大于 4s。

（4）全系统实时数据的扫描周期为 3～10s。

（5）画面调用响应时间：85％的画面不大于 3s，其他画面不大于 5s。

（6）画面实时数据的刷新周期为 5～10s。

（7）打印报表的输出周期可按需要整定。

（8）双机自动切换到基本监控功能的恢复时间不大于 50s。

（9）模拟屏数据的刷新周期为 6～12s。

### 4-39 自动化系统采集、处理和控制的信息类型有哪几种？

答：（1）遥测量：模拟量、脉冲量、数字量。

（2）遥信量：状态信号。

（3）遥控命令：数字量。

（4）遥调命令：模拟量、脉冲量。

（5）时钟对时。

（6）计算量。

（7）人工输入。

### 4-40 自动化变电站终端的主要技术指标有哪些？

答：（1）遥测精度：0.5 级。

（2）模拟量输入：4～20mA，±5V。

（3）遥信输入：无源触点方式。

（4）事件顺序记录分辨率：不大于 10ms。

（5）模拟量输出：4～20mA，±10V。

（6）遥控输出：无源触点方式，触点容量为直流 220V、5A，

11V、5A 或 24V、5A。

(7) 远动信息的海明距离：不小于 4。

(8) 远动终端的平均故障间隔时间：不低于 10000h。

(9) 远动通道误码率为 $10^{-4}$ 时，远动终端应能正常工作。

**4-41 为了防止计算机病毒的侵害，应注意哪些问题？**

**答：**(1) 应谨慎使用公共和共享的软件。

(2) 应谨慎使用外来的软盘。

(3) 新机器要杀毒后再使用。

(4) 限制网上可执行代码的交换。

(5) 写保护所有的系统盘和保存文件。

(6) 除非是原始盘，否则绝不用软盘去引导硬盘。

(7) 不要将用户数据或程序写到系统盘上。

(8) 绝不执行不知来源的程序。

**4-42 电力线路的作用是什么？**

**答：**电力线路是输送、分配电能的主要通道。

**4-43 输电线路的组成及各部分的作用是什么？**

**答：**输电线路由基础、杆塔、导线、避雷线、绝缘子、金具和接地装置等组成。

(1) 基础：用来固定杆塔，以保证杆塔不发生倾斜、上拔、下陷和倒塌。

(2) 杆塔：支持导线、避雷线，使其对地及线间保持足够的安全距离。

(3) 导线：传输负荷电流。

(4) 避雷线：保护导线，防止导线受到雷击，提高线路的耐雷水平。

(5) 绝缘子：支撑或悬挂导线，并使导线与接地杆塔绝缘。

(6) 金具：导线、避雷线的固定、接续和保护，绝缘子的固定连接和保护，拉线的固定和调节。

(7) 接地装置：连接避雷线与大地，把雷电流迅速泄入大地，降低雷击时杆塔的电位。

**4-44 架空线路施工有哪些工序？**

答：（1）基础施工。

（2）材料运输。

（3）杆塔组立。

（4）架线。

（5）接地工程。

**4-45 塔身的组成材料有哪几种？**

答：主材、斜材、水平材、横隔材、辅助材。

**4-46 铁塔的类型主要有哪几种？**

答：铁塔的类型主要有羊角塔、猫头塔、酒杯塔、干字塔、双回鼓形塔等。

**4-47 承力杆塔按用途可分为哪些类型？**

答：承力杆塔按用途可分为耐张杆塔、转角杆塔、终端杆塔、分歧杆塔、耐张换位杆塔 5 种类型。

**4-48 架空线路杆塔荷载分为哪几类？**

答：架空线路杆塔荷载类型：水平荷载、垂直荷载、纵向荷载。

**4-49 直线杆在正常情况下主要承受哪些荷载？**

答：直线杆在正常运行时主要承受水平荷载和垂直荷载。其中，水平荷载主要由导线和避雷线的风压荷载、杆身的风压荷载、绝缘子及金具的风压荷载构成，垂直荷载主要由导线、避雷线金具、绝缘子的自重及拉线的垂直分力引起的荷载构成。

**4-50 耐张杆在正常情况下主要承受哪些荷载？**

答：耐张杆在正常运行时主要承受水平荷载、垂直荷载和纵向荷载。其中，纵向荷载主要由顺线路方向不平衡张力构成，水平荷载和垂直荷载与直线杆的构成相同。

**4-51 常用的复合多股导线种类有哪些？**

答：普通钢芯铝绞线、轻型钢芯铝绞线、加强型钢芯铝绞线、铝合金绞线、稀土铝合金绞线。

**4-52　架空线路导线常见的排列方式有哪些?**

**答:**(1) 单回路架空导线:水平排列、三角形排列。

(2) 双回路架空导线:鼓形排列、伞形排列、垂直排列和倒伞形排列。

**4-53　什么是相分裂导线?**

**答:**相分裂导线指在一相内悬挂多根导线,用间隔棒固定连为一体。分裂导线在电气特性方面,相当于通过增加导线直径,降低或避免电晕损耗,减小导线感抗,增强输送能力。

**4-54　架空线路金具有什么用途?**

**答:**(1) 导线、避雷线的接续、固定及保护。

(2) 绝缘子的组装、固定及保护。

(3) 拉线的组装及调整。

**4-55　金具主要有哪几类?**

**答:**金具分为连接金具、接续金具、固定金具、保护金具、拉线金具。

**4-56　什么是绝缘子?**

**答:**绝缘子是线路绝缘的主要元件,用来支撑或悬吊导线使之与杆塔绝缘,保证线路具有可靠的电气绝缘强度,并使导线与杆塔间不发生闪络。其由硬质陶瓷、玻璃或塑料制成。

**4-57　绝缘子的分类有哪些?**

**答:**(1) 绝缘子通常分为可击穿型和不可击穿型。

(2) 绝缘子按结构可分为柱式(支柱)绝缘子、悬式绝缘子、防污型绝缘子和套管绝缘子。

(3) 绝缘子按应用场合可分为线路绝缘子和电站、电器绝缘子。

(4) 绝缘子按材质可分为陶瓷绝缘子、玻璃钢绝缘子、合成绝缘子、半导体绝缘子。

**4-58　拉线主要有哪几种?**

**答:**拉线主要有普通拉线、转角拉线、人字拉线、高桩拉线、自身拉线。

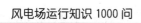

**4-59 普通拉线由哪几种部分构成？**

答：拉线杆上固定的挂点、楔形线夹、拉线钢绞线、UT 形线夹、拉线棒及拉线盘。

**4-60 钢丝绳有哪两大类？**

答：钢丝绳分为普通钢丝绳和复合钢丝绳。

**4-61 起重滑车分为哪几种？其中哪种能改变力的方向？**

答：起重滑车按用途分为定滑车、动滑车、滑车组和平衡滑车。定滑车能改变力的作用方向。

**4-62 起重葫芦是一种怎样的工具？可分为哪几种？**

答：起重葫芦是一种有制动装置的手动省力起重工具。起重葫芦包括手拉葫芦、手摇葫芦和手扳葫芦。

**4-63 什么是架空线的应力？**

答：架空线应力指架空线受力时其单位横截面积上的内力。

**4-64 什么是线路弧垂？**

答：导线上任意一点到悬挂点连线之间的铅垂距离称为导线在该点的弧垂。最大弧垂指架空导线下垂的最大幅度。

**4-65 线路有哪几种档距？各有何含义？**

答：档距指相邻两杆塔中心点间的水平距离。水平档距指某杆塔两侧档距的算术平均值。垂直档距指某杆塔两侧导线最低点间的水平距离。代表档距指能够表达整个耐张段力学规律的假想档距，是把长短不等的一个多档耐张段用一个等效的孤立档来代替，达到简化设计的目的。临界档距指由一种导线应力控制气象条件过渡到另一种控制气象条件临界点的档距大小。

**4-66 影响输电线路气象条件的三要素是什么？**
答：风、覆冰和气温。

**4-67 如何计算线路曲折系数？**
答：线路曲折系数＝线路总长度÷线路两端直线距离。

**4-68 什么是杆塔呼称高?**

答：杆塔呼称高指杆塔横担最低悬挂点与基础顶面之间的距离。

**4-69 什么是线路绝缘的泄漏比距?**

答：泄漏比距指平均每千伏线电压应具备的绝缘子最少泄漏距离值。

**4-70 什么是接地装置的接地电阻? 接地电阻由哪几部分构成?**

答：接地装置的接地电阻指加在接地装置上的电压与流入接地装置的电流之比。

接地电阻的构成：接地线电阻、接地体电阻、接地体与土壤的接触电阻、地电阻。

**4-71 架空线的平、断面图包括哪些内容?**

答：(1) 沿线路的纵断面各点标高及塔位标高。

(2) 沿线路走廊的平面情况。

(3) 平面上的交叉跨越点及交叉角。

(4) 线路里程。

(5) 杆塔形式及档距、代表档距等。

**4-72 什么是雷电次数?**

答：当雷暴进行时，隆隆的雷声持续不断，若其间雷声的时间间隔小于 15min，不论雷声断续传播的时间有多长，均算为一次雷暴；若其间雷声的停息时间在 15min 以上，就把前后算为两次雷暴。

**4-73 雷电的参数包括哪些?**

答：雷电波的速度、雷电流的幅值、雷电流的极性、雷电通道波阻抗、雷暴日及雷暴小时。

**4-74 巡线时应遵守哪些规定?**

答：(1) 新担任巡线工作的人员不得单独巡线。

(2) 在巡视线路时，无人监护一律不准登杆巡视。

(3) 在巡视过程中，应始终认为线路是带电运行的，即使知道该线路已停电，也应认为线路随时有送电的可能。

（4）夜间巡视时应有照明工具，巡线员应在线路两侧行走以防触及断落的导线。

（5）巡线中遇有大风时，巡线员应在上风侧沿线行走，不得在线路的下风侧行走，以防断线倒杆危及巡线员的安全。

（6）巡线时必须全面巡视，不得遗漏。

（7）在故障巡视中，无论是否发现故障点，都必须将所分担的线段和任务巡视完毕，并随时与指挥人联系。若已发现故障点，应设法保护现场，以便分析故障原因。

（8）发现导线或避雷线掉落地面时，应设法防止居民、行人靠近断线区域。

（9）在巡视中，若发现线路附近修建有危及线路安全的工程设施，应立即制止。

（10）发现危急缺陷应及时报告，以便迅速处理。

（11）巡线时遇有雷电或远方雷声时，应远离线路或停止巡视，以保证巡线员的人身安全。

### 4-75 避雷线的作用是什么？

答：（1）减少雷电直接击于导线的机会。

（2）避雷线一般直接接地，依靠低接地电阻泄导雷电流，降低雷击过电压。

（3）依靠避雷线对导线的屏蔽及导线、避雷线间的耦合作用，降低雷击过电压。

（4）在导线断线的情况下，避雷线对杆塔起到一定的支撑作用。

（5）绝缘避雷线有时用于通信，有时也用于融冰。

### 4-76 对架空导线、避雷线的巡视内容有哪些？

答：（1）线夹有无锈蚀、缺件。

（2）连接器有无过热现象。

（3）释放线夹是否动作。

（4）导线在线夹内有无滑动，防振设备是否完好。

（5）跳线是否有弯曲等现象。

**4-77 夜间巡线的目的及主要检查项目分别是什么？**

**答：**目的：线路运行时，通过夜间巡视，发现白天巡线不易发现的线路缺陷。

检查项目：连接器过热现象，绝缘子污秽放电现象，导线的电晕现象。

**4-78 单人在夜间、事故情况下巡线应遵循哪些规定？**

**答：**（1）单人巡线时，禁止攀登电杆或铁塔。

（2）夜间巡线时，应沿线路外侧进行。

（3）事故巡线时，应始终认为线路带电，即使明知该线路已停电，也应认为线路随时有恢复输电的可能。

（4）当发现导线断线落地或悬在空中时，应维护现场，以防行人进入导线落地点 8m 范围内，并及时汇报。

**4-79 为何同一档距内的各相导线弧垂必须保持一致？**

**答：**同一档距内的各相导线的弧垂在放线时必须保持一致。如果松紧不一、弧垂不同，在风吹摆动时，摆动幅度和摆动周期便不相同，容易造成碰线短路事故。

**4-80 什么是低值或零值绝缘子？**

**答：**低值或零值绝缘子指在运行中绝缘子两端的电位分布接近于零或等于零的绝缘子。

**4-81 简要说明产生零值绝缘子的原因。**

**答：**（1）制造质量不良。

（2）运输安装不当而产生裂纹。

（3）年久老化，长期承受较大张力而劣化。

**4-82 玻璃绝缘子具有哪些特点？**

**答：**（1）机械强度高，比瓷绝缘子的机械强度高 1～2 倍。

（2）性能稳定，不易老化，电气性能高于瓷绝缘子。

（3）生产工序少，生产周期短，便于机械化，自动化生产效率高。

（4）由于玻璃绝缘子的透明性，在进行外部检查时，很容易发现细小的裂缝及各种内部缺陷或损伤。

（5）绝缘子的玻璃本体如有各种缺陷，玻璃本体会自动破碎，称为"自破"。绝缘子自破后，铁帽残锤仍然保持一定的机械强度悬挂在线路上，线路仍然可以继续运行。

（6）当巡线人员巡视线路时，很容易发现自破绝缘子并及时更换新的绝缘子。

（7）由于玻璃绝缘子具有自破的特点，不必对绝缘子进行预防性试验。

（8）玻璃绝缘子的质量小。

### 4-83　高压绝缘子表面为何做成波纹形？

答：（1）延长了爬弧长度，在同样的有效高度内，增加了电弧的爬弧距离，而且每一波纹又能起到阻断电弧的作用，提高了绝缘子的滑闪电压。

（2）在大雨天，大雨冲下的污水不能直接由绝缘子上部流到下部形成水柱而引起接地短路，绝缘子上的波纹起到阻断水流的作用。

（3）污尘降落到绝缘子上时，在绝缘子的凸凹位置分布不均匀，因此在一定程度上保证了绝缘子的耐压强度。

### 4-84　对绝缘子裂纹的检查方法有哪些？

答：（1）目测观察。对于绝缘子的明显裂纹，一般在巡线时肉眼观察就可以发现。

（2）望远镜观察。借助望远镜进一步仔细察看，通常可以发现不太明显的裂纹。

（3）声响判断。如果绝缘子有不正常的放电声，根据声音可以判断损坏程度。

（4）停电时用绝缘电阻表测试其绝缘电阻，或者采用固定火花间隙对绝缘子进行带电测量。

### 4-85　为何耐张杆塔上的绝缘子比直线杆塔上的要多1～2个？

答：在输电线路上，直线杆塔的绝缘子串是垂直于地面安装的，瓷裙内不易积尘和进水。而耐张杆塔的绝缘子串几乎是与地面平行安装的，瓷裙内既易积尘，又易进水，因此绝缘子串表面的绝缘水平下降。另外，耐张杆塔的绝缘子串所承受的荷载比直线杆塔所承受的要大得多，绝缘子损坏的可能性也大，所以耐张杆塔上的绝缘子串的绝缘子个数比直线杆塔上的要多1～2个。

**4-86　在导线的机械物理特性方面，各量对导线运行有何影响？**

答：（1）瞬时破坏应力：其大小决定了导线本身的强度，瞬时破坏应力大的导线适用于大跨越、重冰区的架空线路，在运行中能较好地防止出现断线事故。

（2）弹性系数：导线在张力作用下将产生弹性伸长，导线的弹性伸长使线长增加、弧垂增大，影响导线对地的安全距离。弹性系数越大的导线在相同受力时，其相对弹性伸长量越小。

（3）瀑度膨胀系数：随着线路运行瀑度的变化，其线长随之变化，从而影响线路的运行应力及弧垂。

（4）质量：导线单位长度质量的变化使导线的垂直荷载发生变化，从而直接影响导线的应力及弧垂。

**4-87　为何架空线路一般采用多股绞线？**

答：（1）当截面较大时，单股线因制造工艺或外力原因，要保证机械强度较困难。而多股线在同一处都存在缺陷的概率很小。所以，相对来说，多股线的机械强度较高。

（2）当截面较大时，多股线较单股线柔性高，所以其更易制造、安装和存放。

（3）当导线受风力作用而产生振动时，单股线容易折断，多股线则不易折断。

**4-88　简述采用分裂导线有何优点。**

答：（1）单位电抗小，其电气效果与缩短线路长度的电气效果相同。

（2）单位电纳大，等于增加了无功功率补偿。

（3）由普通标号导线组成，制造较方便。

（4）分裂导线装间隔棒可减少导线振动，实测表明双分裂导线比单根导线的振幅小 50%且振动次数低 20%，四分裂导线的值更低。

**4-89　影响泄漏比距大小的因素有哪些？**

答：影响泄漏比距大小的因素有地区污秽等级及系统中性点的接地方式。

**4-90　为避免线路防污闪事故，应采取哪些措施？**

答：（1）定期清扫绝缘子。

（2）定期测试和更换不良绝缘子。

（3）采用防污型绝缘子。

（4）增加绝缘子串的片数，提高线路绝缘水平。

（5）采用憎水性涂料。

**4-91　输电线路为什么要防雷？**

答：输电线路的杆塔高出地面数米到数十米，并暴露在旷野或高山，线路长度有时达数百千米或更多，所以受雷击的机会很多。因此，应采取可靠的防雷保护措施保证供电的安全。

**4-92　什么是避雷针逆闪络？相关防止措施有哪些？**

答：避雷针逆闪络指受雷击的避雷针对受其保护设备的放电闪络。

主要防止措施：

（1）增大避雷针与被保护设备间的空间距离。

（2）增大避雷针与被保护设备接地体间的距离。

（3）降低避雷针的接地电阻。

**4-93　什么是避雷线保护角？其对防雷效果有何影响？**

答：避雷线保护角指导线悬挂点与避雷线悬挂点的连线同铅垂线间的夹角。

影响：保护角越小，避雷线对导线的保护效果越好，通常根据线路电压等级取 20°～30°。

**4-94　何为输电线路耐雷水平？其与哪些因素有关？**

答：输电线路耐雷水平指不至于引起线路绝缘闪络的最大雷

电流幅值。

影响因素：

（1）绝缘子串50％的冲击放电电压。

（2）耦合系数。

（3）接地电阻的大小。

（4）避雷线的分流系数。

（5）杆塔高度。

（6）导线平均悬挂高度。

**4-95 架空输电线路的防雷措施有哪些？**

答：（1）装设避雷线及降低杆塔接地电阻。

（2）系统中性点采用经消弧线圈接地。

（3）增加耦合地线。

（4）加强绝缘。

（5）装设线路自动重合闸装置。

**4-96 在线路运行管理中，防雷工作的主要内容有哪些？**

答：（1）落实防雷保护措施。

（2）完成防雷工作的新技术和科研课题及应用。

（3）测量接地电阻，对不合格者进行处理。

（4）完成雷雨电流观测的准备工作，如更换测雷参数的装置。

（5）增设测雷电装置，提出次年的防雷工作计划。

**4-97 接地体一般采用何种材料？**

答：水平接地体一般采用圆钢或扁钢。垂直接地体一般采用角钢或钢管。

**4-98 降低线路损耗的技术措施有哪些？**

答：（1）合理确定供电中心。

（2）采用合理的电网开、闭环运行方式。

（3）提高负荷的功率因数。

（4）提高电网运行的电压水平。

（5）根据负荷合理选用并列运行的变压器台数。

**4-99　架空线弧垂观测档选择的原则是什么？**

答：（1）紧线段在5档及以下时，靠近中间选择一档。

（2）紧线段在6～11档时，靠近两端各选择一档。

（3）紧线段在12档及以上时，靠近两端及中间各选择一档。

（4）观测档宜选择档距较大、悬点高差较小及接近代表档距的线档。

（5）紧邻耐张杆的两档不宜选为观测档。

**4-100　架空线的振动是怎样形成的？**

答：架空线受到均匀的微风作用时，会在架空线背后形成个以一定频率变化的风力涡流。当风力涡流对架空线击力的频率与架空线固有的自振频率相等或接近时，会使架空线在竖直平面内因共振而引起振动加剧，架空线的振动随之出现。

**4-101　简述架空线的振动形式及特点。**

答：（1）微风振动。小幅度振动引起疲劳断线。

（2）舞动。舞动分为垂直舞动、旋转舞动、低阻尼系统共振等，无规则性。

（3）次档距振动。多相导线的尾流效应产生的振动。

（4）脱冰跳跃。成片的覆冰脱落。

（5）摆动。风偏角产生的两相线距离不够。

**4-102　影响架空线振动的因素有哪些？**

答：风速、风向，导线直径及应力，档距，悬点高度，地形、地物。

**4-103　风对架空线路有何影响？**

答：（1）微风可以引起架空线的振动，使其疲劳断线。

（2）大风可以引起架空线不同步摆动，特殊条件下会引起架空线舞动，造成相间闪络，甚至发生鞭击。

（3）风还可以使悬垂绝缘子串产生偏摆，造成带电部分与杆塔构件间的电气间距减小，从而发生闪络。

**4-104 不同风力对架空线的运行有哪些影响？**

答：（1）风速为 0.5～4m/s 时，易导致架空线因振动而断股甚至断线。

（2）风速为 5～20m/s 时，易导致架空线因跳跃而发生碰线故障。

（3）大风引起导线不同步摆动而发生相间闪络。

**4-105 简述防振锤的防振原理。**

答：防振锤是一段铁棒。由于它加挂在线路塔杆悬点处，可吸收或减弱振动能量，改变线路的摇摆频率，防止线路振动或舞动。

**4-106 架空线路为什么会覆冰？**

答：架空线路的覆冰是在初冬和初春时节（气温在−5℃左右），或者是在降雪或雨雪交加的天气里。在架空线路的导线、避雷线、绝缘子串等处均会有因雨、霜和湿雪而形成的冰雪。这是一层结实而又紧密的透明或半透明的冰层，形成覆冰层的原因是物体上附着水滴，当气温下降时，这些水滴便凝结成冰，而且越结越厚。

**4-107 线路覆冰有哪些危害？**

答：（1）覆冰降低了绝缘子串的绝缘水平，会引起闪络接地事故。

（2）导线和避雷线上的覆冰有局部脱落时，因各导线的荷载不均匀，会使导线发生跳跃、碰撞。

（3）覆冰会使导线严重下垂，使导线对地距离减小，易发生短路、接地等事故。

（4）覆冰后的导线使杆塔受到过大的荷载，会发生倒杆或倒塌事故。

（5）增大了架空线的迎风面积，使其所受的水平风荷载增加，加大了断线倒塌的可能。

（6）使架空线舞动的可能性增大。

**4-108 如何消除导线上的覆冰？**

答：电流溶解法：

（1）增大负荷电流。

（2）对与系统断开的覆冰线路，用特设变压器或发电机供给短路电流。

机械除冰法：

（1）用绝缘杆敲打脱冰。

（2）用木制套圈脱冰。

（3）用滑车除冰器脱冰。

注：机械除冰时必须停电。

### 4-109　气温对架空线路有何影响？

答：（1）气温降低，架空线线长缩短，张力增大，有可能导致断线。

（2）气温升高，线长增加，弧垂变大，有可能保证不了对地或其他跨越物的安全距离。

### 4-110　如何防止鸟害？

答：（1）增加巡线次数，随时拆除鸟巢。

（2）安装惊鸟装置，使鸟类不敢接近架空线路。常用方法：在杆塔上部安装反光镜；装风车或翻板；在杆塔上挂带有颜色或能发声响的物品；在鸟类集中处，还可以用猎枪或爆竹惊鸟。

这些办法虽然行之有效，但较长时间后，鸟类就习以为常了，从而导致办法失效，所以最好是各种办法轮换使用。

### 4-111　鸟类活动会造成哪些线路故障？

答：（1）当这些鸟类嘴里叼着树枝、柴草、铁丝等杂物在线路上空往返飞行时，若树枝等杂物落到导线间或搭在导线与横担之间，就会造成短路事故。

（2）体型较大的鸟在线间飞行或鸟类打架也会造成短路事故。

（3）杆塔上的鸟巢与导线间的距离过近，尤其在阴雨天易造成线路接地事故。

（4）在大风暴雨的天气里，鸟巢被风吹散触及导线，从而造成跳闸停电事故。

### 4-112　线路耐张段中，直线杆承受不平衡张力的原因有哪些？

答：（1）耐张段中，各档距长度相差悬殊，当气象条件变化后，引起各档张力不等。

（2）耐张段中，各档不均匀覆冰或不同时脱冰时，引起各档张力不等。

（3）线路检修时，先松下某悬点导线，后挂上某悬线，将引起相邻各档张力不等。

（4）耐张段中，在某档飞车作业、绝缘梯作业等悬挂集中荷载时，引起不平衡张力。

（5）山区连续倾斜档的张力不等。

### 4-113 架空线的强度大小受哪些因素的影响？

答：架空线的档距、架空线的应力及架空线所处环境的气象条件。

### 4-114 架空线路的垂直档距大小受哪些因素的影响？

答：杆塔两侧的档距大小、气象条件、导线应力、悬点高差。

### 4-115 架空线路为何需要换位？

答：架空线路三相导线在空间排列上往往是不对称的，由此引起三相系统电磁特性不对称，继而引起各相电抗不平衡，影响相系统的对称运行。为保证三相系统能始终保持对称运行，三相导线必须进行换位。

### 4-116 架空线应力过大或过小有何影响？

答：应力过大，易在最大应力气象条件下超过架空线的强度而发生断线事故，难以保证线路安全运行。

应力过小会使架空线弧垂过大，要保证架空导线对地具备足够的安全距离，必然要增高杆塔，从而增大投资，造成不必要的浪费。

### 4-117 关于杆塔外形尺寸的基本要求有哪些？

答：（1）杆塔高度的确定应满足导线对地或对被交叉跨越物之间的安全距离要求。

（2）架空线之间的水平和垂直距离应满足档距中央接近距离的要求。

（3）导线与杆塔的空气间隙应满足在内过电压、外过电压和运行电压情况下电气绝缘的要求。

（4）导线与杆塔的空气间隙应满足带电作业安全距离的要求。

（5）避雷线对导线的保护角应满足防雷保护的要求。

### 4-118　电缆由哪几部分组成？

答：电缆由线芯、绝缘层、屏蔽层、保护层组成。

### 4-119　常见电力电缆的种类有哪些？

答：常见电力电缆有聚氯乙烯绝缘电力电缆、交联聚乙烯绝缘电力电缆、聚氯乙烯绝缘控制电缆。

### 4-120　电缆线路的优缺点分别是什么？

答：优点：不占用地上空间，供电可靠性高，电击可能性小。

缺点：投资费用大，引出分支线路比较困难，故障点寻找比较困难。

### 4-121　电力电缆的常见故障有哪几种？

答：电力电缆的常见故障有短路（低阻）故障、高阻故障、开路故障、闪络性故障。

### 4-122　对电力电缆线路的日常检查内容有哪些？

答：（1）检查电力电缆线路的电流是否超过额定载流量。

（2）电缆终端头的连接点是否发热变色。

（3）并联电缆有无负荷不均而导致部分发热的现象。

（4）有无打火、放电声响及异常气味。

### 4-123　电力电缆的故障定点方法有哪几种？

答：电力电缆的故障定点方法有声测法、声磁同步法、跨步电流法。

### 4-124　电力电缆的故障测距方法有几种？

答：电力电缆的故障测距方法有电桥法、低压脉冲法、脉冲电压法、脉冲电流法。

### 4-125　电缆头内刚灌完绝缘胶可否立即送电？

答：由于刚灌完绝缘胶，绝缘胶内还有气泡，只有在绝缘胶冷却后，气泡才能排出。如果电缆头灌完绝缘胶就送电，可能造成电缆头击穿而发生事故。

**4-126 关于电缆温度的监视要求有哪些？**

答：（1）测量直埋电缆的温度，应测量同地段的土壤温度。

（2）检查电缆的温度，应选择电缆排列最密处、散热情况最差处或有外界热源影响处。

（3）测量电缆的温度，应在夏季或电缆最大负荷时进行。

**4-127 如何防止电缆导线连接点损坏？**

答：（1）铜、铝导体的连接宜采用铜-铝过渡接头，如采用铜压接管，其内壁必须镀锡。

（2）对重要电缆线路的户外引出线连接点需加强监视，一般可用红外线测温仪或测温笔测量温度，再检查接触面的表面情况。

（3）对敷设在地下的电缆线路，应查看其地表是否正常，有无挖掘痕迹及线路标桩是否完整无缺等。

（4）电缆线路上不应堆置瓦砾、矿渣、建筑材料、笨重物件、酸碱性排泄物或堆砌石灰坑等。

（5）对于通过桥梁的电缆，应检查桥头两端电缆是否拖拉过紧，保护管或槽有无脱开或锈烂现象。

（6）对于备用排管，应用专用工具疏通，检查其有无断裂现象。

（7）对户外与架空线连接的电缆和终端头，应检查终端头是否完整，引出线的连接点有无发热现象，靠近地面的一段电缆是否破损。

# 风电场继电保护及自动装置

**5-1 发电机常见的故障和不正常运行状态有哪些？**

**答：** 发电机常见的故障：定子绕组相间短路，定子一相绕组内匝间短路，定子绕组单相接地，转子绕组一点接地或两点接地，转子励磁故障造成励磁电流消失等。

发电机常见的不正常运行状态主要有由于外部短路引起的定子绕组过电流，由于负荷超过发电机额定容量引起的三相对称过负荷，由于外部不对称短路或不对称负荷引起的发电机负序过电流，由于突然甩负荷而引起的定子绕组过电压，由于励磁回路故障或强励时间过长引起的转子绕组过负荷。

**5-2 关于发电机配置的保护有哪些？**

**答：** 在对发电机组保护进行配置时，主保护有：双重化差动保护、定子接地保护、负序过电流保护、过励磁（过电压）保护、失磁失步保护等。同时，应该考虑配置低频、误上电、启停机保护。在保护的动作特性方面应考虑和机组的能力相匹配，尽可能在过热保护上采用反时限特性，快速保护动作时间应尽可能短。保护方式如下：

（1）发电机纵差动保护：切除定子相间短路，传统的差动保护不反应匝间短路故障，瞬时跳开机组。

（2）发电机匝间保护：切除发电机定子匝间短路，瞬时跳开机组。

（3）发电机定子接地保护：切除发电机转子绕组的单相接地故障。

（4）发电机负序过电流保护：区外发生不对性短路或非全相运行时，保护机组转子不过热损坏。一般采用反时限特性。

（5）发电机对称过电流保护：当区外发生对称过电流短路时，保护发电机定子不过热，一般采用反时限特性。

（6）发电机过电压保护：反应过电压。

（7）发电机过励磁保护：反应发电机过励磁。

（8）发电机失磁保护：反应发电机全失磁或部分失磁。

（9）发电机失步保护：反应发电机和系统之间的失步。

（10）发电机过电流、低压过电流、复合电压过电流、阻抗保护等：作为线路和发电机的后备保护，这些保护可灵活配置。

（11）发电机过负荷保护：反应发电机过负荷。

（12）发电机低频保护：反应发电机低频运行。

（13）转子一点接地保护：反应转子一点接地。

（14）转子两点接地保护：反应发电机转子发生两点接地或匝间短路。

（15）励磁绕组过负荷保护：反应发电机励磁机的过负荷，采用反时限特性或定时限特性。

（16）误上电保护：检测发电机在启停机期间可能的误合闸。

（17）启停机保护：在启停机过程中检测绕组的绝缘变化。

### 5-3　关于发电机-变压器组保护配置的要求有哪些？

**答：**（1）主后备保护均按双重化配置，每套保护符合以下要求：

1）每套保护中应包含一套发电机差动、主变压器差动、厂用高压 A、B 工作变压器差动、励磁变压器差动等主保护。

2）每套保护中不同对象的保护采用不同 CPU。同一对象的保护，电量和非电量保护 CPU 分开。

（2）保护分柜原则。

（3）CPU 配置原则：

1）保护输入模拟量、输入开关量、保护输出回路、信号回路应满足保护配置图要求。

2）保护处理 CPU 和通信管理 CPU 应各自独立。每套装置具有自己单独的电源和自动开关。

（4）接地要求：

1）保护柜须有接地端子，并用截面积不小于 $4mm^2$ 的多股铜线和接地网直接连通。保护柜之间的连接应采用专用接地铜排。应是连接每一柜的接地铜排，以便形成一个大的接地回路，并且应通过回路中的一个点将回路连接到控制室接地网。接地铜排的截面积不得小于 $100mm^2$。

2）接地母线的螺栓连接、并接连接、分接连接都不应少于 4 个螺栓。接地母线延伸至整个柜，并连接至屏架、前主钢板、侧主钢板以及后主钢板。接地母线每端有压接型端子，便于外部接地电缆的连接。

电压互感器及差动用电流互感器的中性点应仅在其进入继电保护屏的端子排处接地，并采用跨接线或连接线进行接地，以便使接地可以分别拆除，不干扰接地。

保护装置对电厂接地网无特殊要求。

### 5-4 发电机-变压器组保护装置的功能有哪些？

**答：**（1）装置具有独立性、完整性、成套性。在成套装置内含有被保护设备所必需的保护功能。

（2）装置的保护模块配置合理。当装置出现单一硬件故障退出运行时，被保护设备允许继续运行。

（3）非电气量保护可经装置触点转换出口或经装置延时后出口，装置反映其信号。

（4）装置中不同种类保护具有方便的投退功能，保护投退需经过硬压板。

（5）装置具有必要的参数监视功能。

（6）装置具有必要的自动检测功能。当装置自检出元器件损坏时，能发出装置异常信号，而装置不误动。

（7）装置具有自复位功能，当软件工作不正常时能通过自复位电路自动恢复正常工作。

（8）装置各保护软件在任何情况下都不得相互影响。

（9）装置每一个独立逆变稳压电源的输入具有独立的保险功能，并设有失电报警。

（10）装置记录必要的信息（如故障波形数据），并通过接口送出。信息不丢失，其可重复输出。

（11）保护屏、柜端子不允许与装置弱电系统（指 CPU 的电源系统）有直接电气上的联系。针对不同回路，分别采用光电耦合、继电器转接、带屏蔽层的变压器磁耦合等隔离措施。

（12）装置有独立的内部时钟，其误差每 24h 不超过 ±1s，保护管理机提供与 GPS 对时的接口，保护管理机对保护装置进行时间同步。

（13）双重化主保护及后备保护装置应分别由两个不同的直流母线的馈线或两个电源装置供电，并考虑可靠的抗干扰措施；每柜设两路工作电源进线，两路电源进线在保护屏内，开关采用具有切断直流负荷短路能力的、不带热保护的小空气开关，并在电源输出端设远方"电源消失"报警信号。

（14）非电气量保护应设置独立的电源回路（包括直流小空气开关及其直流电源监视回路），出口跳闸回路应完全独立，非电量保护不允许起动失灵保护。

（15）发电机-变压器组、启动备用变压器两套主保护及不同的全停出口应分别置于不同的柜上，并且不要将同种类型的保护集中在同一个 CPU 系统或柜上。

（16）两套保护系统应相互独立。每套保护系统应有单独的输入 TA、TV 和跳闸继电器。

（17）保护出口回路均经压板投入、退出，不允许不经压板而直接去驱动跳闸继电器。

（18）每套保护装置的出口接点都通过压板启动中间继电器。每面柜的出口中间继电器相互独立，每面柜可独立运行，每套保护都可单独投入和退出。

（19）系统接口：既可通过硬接线与 DCS 系统接口，又可通过 RS485 或以太网口与其通信，提供多种通信规约，以便适应后定标的 DCS 系统。

（20）运行数据监视：管理系统可在线以菜单形式显示各保护的输入量及计算量。

（21）系统调试：可通过管理系统对各保护模块进行详细调试

(操作时通过密码)。

(22) 巡回检查功能：在保护系统处于运行状态时，保护模块不断地进行自检，管理系统及时查寻并显示保护模块的自检信息，若发现自检出错立即发出报警，以便及时处理。

(23) 按保护配置要求，不同的出口分别设独立的出口继电器。接断路器跳闸的出口继电器须采用电压动作电流保持的出口继电器，以保证断路器可靠跳闸，以及防止继电器断开合闸电流。继电器的触点容量为DC 110V、8A/DC 220V、5A，满足强电控制要求，触点数量除满足保护跳闸出口外，并留有5付备用触点。信号继电器的触点数量按不少于少3付设置，另外还需提供机组事故跳闸信号、机组异常信号，以及提供远动的单元机组跳闸总信号。重动信号继电器带灯光掉牌指示，手动复归。

**5-5　关于发电机-变压器组保护配置的非电量保护有哪些?**

**答：**发电机定子断水保护，稳控装置、励磁系统故障、网控失灵、发电机定子冷却水异常及变压器的瓦斯保护，温度保护，压力释放保护，变压器压力突变、油位异常、油温度过高启动风冷、绕组温度启动风冷等。

**5-6　国外厂家在发电机原始设计过程中，常推荐采用发电机中性点经高阻接地的方式，这种方式带来的问题是什么？解决的方案是什么?**

**答：**国外厂家提出的发电机中性点采用电阻直接接地方式将无法达到合同中规定的发电机定子100%接地保护要求，原因是采用交流接地电流保护存在保护死区。中方最终接受发电机中性点采用配电变压器接地方案，发电机100%定子接地保护由风力发电机 装置的原始设计保护功能实现。

**5-7　发电机是否可以短时过负荷？发生这种情况时，运行人员应注意什么?**

**答：**正常运行中发电机不允许过负荷运行。发电机过负荷会引起定子、转子绕组和铁芯温度升高，严重时可能达到或超过允许温度，加速绝缘老化。所以在一般情况下应避免出现过负荷。

但是发电机绝缘材料老化需要一个时间过程，绝缘材料变脆，介质损耗增大，耐受击穿电压水平降低等都需要一个高温作用的时间，高温时间愈短，绝缘材料的损害程度愈小。而且发电机满载运行温度距允许温度有一定的余量，即使过负荷，在短时间内也不至于超出允许温度很多。因此，在发生事故的情况下，发电机允许有短时间的过负荷。发电机过负荷的允许值与允许时间，各发电机技术参数内有备注。

当定子电流超过允许值时，运行人员应该注意过负荷的时间，首先减少无功负荷，使定子电流到额定值，但是不能使功率过高和电压过低，必要时降低有功负荷，使发电机在额定值下运行。运行人员还应加强对发电机各部分温度的监视，使其控制在规程规定的范围内，否则，降低有功负荷。另外要加强对发电机端部、集电环和整流子碳刷的检查。总之，在发电机过负荷情况下，运行人员要密切监视、调节和检查，防止事态严重。

**5-8　变压器的故障和不正常状态主要有哪些？**

**答：**（1）绕组及其引出线的相间短路和在中性点直接接地处的单相接地短路。

（2）绕组的匝间短路。

（3）外部相间短路引起了过电流。

（4）在中性点直接接地电力网中，外部接地短路引起的过电流及中性点过电压。

（5）过负荷。

（6）过励磁。

（7）油面降低。

（8）变压器温度及油箱压力升高和冷却系统故障。

**5-9　变压器在运行时，出现油面过高或有油从储油柜中溢出时应如何处理？**

**答：**应首先检查变压器的负荷和温度是否正常，如果负荷和温度均正常，则可以判断是因呼吸器或油标管堵塞造成的假油面。此时应经当值调度员同意后，将重瓦斯保护改接信号，然后疏通呼吸器或油标管。当因环境温度过高引起储油柜溢油时，应做放油处理。

### 5-10 变压器运行中，遇到三相电压不平衡现象应如何处理？

**答：**如果三相电压不平衡时，应先检查三相负荷情况。对 Dy 接线的三相变压器，若三相电压不平衡，电压超过 5V 以上则可能是变压器有匝间短路，须停电处理。对 Yy 接线的变压器，在轻负荷时允许三相对地电压相差 10%；在重负荷的情况下要力求三相电压平衡。

手动准同期操作很大程度上依赖运行人员的经验，经验不足者往往不易掌握好合闸时机，从而发生非同期并列事故。因此，现在广泛进行自动准同期并列。

自动准同期并列装置一般基于恒定导前时间原理，其功能是根据系统的频率，检查待并发电机的转速，并发出调速脉冲去调节待并发电机的转速，使其高出系统一预整定数值。然后检查同期的回路，当待并发电机以微小的转速差向同期点接近，且待并发电机与系统的电压差在 ±10% 以内时，它就提前按一个预先整定好的时间发出合闸脉冲，合上主断路器，实现与系统的并列。

### 5-11 正常运行时，变压器中性点有无电压？

**答：**理论上变压器本身三相对称，负荷三相对称，变压器的中性点应无电压，但实际上三相对称很难做到。

在中性点接地系统中变压器中性点固定为地电位，而在中性点不接地系统中变压器中性点对地电压的大小与三相对地电容的不对称程度有关。当输电线路采取换位措施，改善对地电容的不对称度后，变压器中性点对地电压一般不超过相电压的 1.5%。

### 5-12 简述变压器过负荷的处理方法。

**答：**（1）检查变压器的负荷电流是否超过整定值。

（2）确认为过负荷后，立即联系调度，减少负荷到额定值以下，并按允许过负荷规定时间执行。

（3）按过电流、过电压特巡项目巡视设备。

**5-13　运行中的变压器取油样时应注意哪些事项？**

答：（1）取油样的瓶子应进行干燥处理。

（2）取油样一定要在天气干燥时进行。

（3）取油样时严禁烟火。

（4）应从变压器底部阀门放油，开始时缓慢松动阀门，防止油大量涌出。应先放出一部分污油，用棉纱将阀门擦净后再放少许油冲洗阀门，并用少许油冲洗瓶子数次后才能取油样，瓶塞也应用少许油清洗后才能密封。

**5-14　变压器运行电压过高或过低对变压器有何影响？**

答：变压器最理想的运行电压是在额定电压下运行，但由于系统电压在运行中随负荷变化波动相当大，故往往造成加于变压器的电压不等于额定电压的现象。若加于变压器的电压低于额定电压，对变压器不会有任何不良后果，只是对用户有影响；若加于变压器的电压高于额定值，导致变压器铁芯严重饱和，使励磁电流增大，铁芯严重发热，将影响变压器的使用寿命。

**5-15　简述轻瓦斯动作原因。**

答：（1）因滤油、加油或冷却系统不严密以致空气进入变压器。

（2）因温度下降或漏油致使油面低于气体继电器轻瓦斯浮筒以下。

（3）变压器故障产生少量气体。

（4）发生穿越性短路。

（5）气体继电器或二次回路故障。

**5-16　什么叫变压器的不平衡电流？有什么要求？**

答：变压器的不平衡电流是对于三相变压器绕组之间的电流差而言的。在三相三线式变压器中，各相负荷的不平衡度不许超过20％；在三相四线式变压器中，不平衡电流引起的中性线电流不许超过低压绕组额定电流的25％。若不符合上述规定，应进行调整负荷。

**5-17　对变压器气体继电器的巡视项目有哪些？**

答：（1）气体继电器连接管上的阀门应在打开位置。

（2）变压器的呼吸器应在正常工作状态。

（3）瓦斯保护连接片投入正确。

（4）检查储油柜的油位在合适位置，继电器应充满油。

（5）气体继电器防水罩应牢固。

**5-18　取运行中变压器的瓦斯气体应注意哪些安全事项？**

答：（1）取瓦斯气体必须由两人进行，其中一人操作，一人监护。

（2）攀登变压器取气时应保持安全距离，防止高摔。

（3）防止误碰探针。

**5-19　引起变压器绕组绝缘损坏的原因有哪些？**

答：（1）线路短路故障。

（2）长期过负荷运行使绝缘严重老化。

（3）绕组绝缘受潮。

（4）绕组接头或分接开关接头接触不良。

**5-20　为什么变压器过载运行只会烧坏绕组，铁芯却不会彻底损坏？**

答：变压器过载运行，一、二次侧电流增大，绕组温升提高，可能造成绕组绝缘损坏而烧损绕组。因为外加电源电压始终不变，主磁通也不会改变，铁芯损耗不大，故铁芯不会彻底损坏。

**5-21　关于变电站事故处理的主要原则是什么？**

答：（1）发生事故后应立即与值班调度员联系，报告事故情况。

（2）尽快限制事故的发展，脱离故障设备，解除对人身和设备的威胁。

（3）尽一切可能保证良好设备继续运行，确保对用户连续供电。

（4）对停电的设备和中断供电的用户，要采取措施尽快恢复供电。

**5-22　当运行中变压器发出过负荷信号时应如何处理？**

答：值班人员应检查变压器的各侧电流是否超过规定值，并应将变压器过负荷数量报告当值调度员，然后检查变压器的油位、油温是否正常，同时将冷却器全部投入运行，对过负荷数量值及时间按现场规程中规定的执行，并按规定时间巡视检查，必要时增加特巡。

**5-23　简述气体继电器动作的原因。**

答：（1）加油或滤油时，空气进入油箱内部，随着温度上升，空气逐渐析出聚焦于气体继电器上部，使其发信号或动作。

（2）温度下降或漏油，使油面下降，引起气体继电器发信号或动作。

（3）变压器内部不是十分严重的故障，产生少量气体，使气体继电器发信号或动作。

**5-24　关于变压器保护的基本要求主要有哪些？**

答：（1）变压器发生故障时应将它与所有电源断开。

（2）母线或其他与变压器相连的其他元件发生故障，而故障元件由于某种原因（保护拒动或断路器失灵等）其本身断路器未能断开，应使变压器与故障部分分开。

（3）当变压器过负荷、油面降低、油温过高时，应发出报警信号。

**5-25　主变压器差动保护的范围是什么？**

答：（1）差动保护的范围是主变压器各侧差动电流互感器之间的一次电气部分。

（2）单相严重的匝间短路。

（3）在大电流接地系统中保护线圈及引出线上的接地故障。

**5-26　瓦斯保护的保护范围是什么？**

答：（1）变压器内部相间短路。

（2）匝间短路、匝间与铁芯或外皮短路。

（3）铁芯故障（发热烧损）。

（4）油面下降或漏油。

**5-27　变压器差动保护需要考虑的特殊问题有哪些？**

答：变压器励磁涌流，变压器接线组别的影响，带负荷调压在运行中改变分接头，区外故障不平衡电流的增大等。

**5-28 变压器复合电压闭锁过电流应注意的问题有哪些？**

**答：**（1）在电压侧要求配置相间短路故障后备过电流保护时，一般要求做对侧母线相间故障的后备保护，此时不仅要求电流整定要有灵敏度，而且要校验复合电压闭锁的开放电压也要有灵敏度。否则会导致低压侧母线故障时因电压未降到开放值而使保护拒动。

（2）各侧、各段电流元件是否经复压闭锁仍能分别投退。

（3）复压元件应具备电压互感器二次回路断线或电压元件检修时保护误开放的措施。

**5-29 什么是差动速断保护？变压器的差动保护是根据什么原理装设的？**

**答：**变压器的差动速断保护实际上就是反应差动电流的过电流继电器，不经任何闭锁和制动，靠定值整定躲过涌流和不平衡电流，任一相差电流大于动作值就动作于出口继电器，以保证在差动范围内发生严重故障时能快速动作出口。

变压器的差动保护是按循环电流原理装设的。在变压器两侧安装具有相同型号的 2 台电流互感器，其二次采用环流法接线。在正常与外部故障时，差动继电器中没有电流流过，而在变压器内部发生相间短路时，差动继电器中就会有很大的电流流过。

**5-30 简述比率制动差动保护的工作原理。**

**答：**比率制动差动保护除了引入差动电流作为动作电流外，还引入外部短路电流作为制动电流。当外部短路电流增大时，制动电流随之增大，差动继电器的动作电流相应增大。这样就可以在不提高动作整定值的情况下，有效避免由于外部短路时不平衡电流引起的误动，并保证在差动保护范围内短路时的动作灵敏度。

**5-31 110kV 及以下变压器后备保护是如何配置的？**

**答：**根据继电保护和安全自动装置技术规程，3～10kV 电网继电保护装置运行整定规程中有关条文要求：电力变压器应装设外部接地、相间短路引起的过电流保护及中性点过电压保护装置，以作为相邻元件及变压器内部故障的后备保护。也就是说，变压器后备保护不仅要作变压器故障的后备保护，还常常要兼顾本侧出线故障的后备保护，110kV 及以下系统中电源侧后备保护还常常兼作负荷侧母线短路和出线的后备保护。变压器后备保护的配置原则、跳闸方式、整定原则等都应符合上述规程规定，以达到快速切除故障，保证系统稳定和主设备安全。

### 5-32　简述变压器相间短路后备保护的配置原则。

**答：** 作为变压器本身和相邻元件相间短路的后备保护，原则上应装设在变压器各侧，并应注意到能反映电流互感器与断路器之间的故障。为适当简化后备保护，可采用下列处理办法：

（1）除主电源侧外，其他各侧保护只作为相邻元件的后备保护，而不作为变压器本身的后备保护，因为一般变压器均装有瓦斯保护和至少一套主保护，在有一套主电源侧的后备保护已足够。

（2）小电源侧或无电源侧的过电流保护主要保护本侧母线，同时兼作本侧出线的后备保护，时间定值应与出线保护最长动作时间配合，动作后先跳联络变压器，再跳本侧，后跳三侧。

（3）对于中低压侧母线短路容量较大的变电站，当母线故障或出线故障造成出线断路器拒动时，若仍按上述原则整定，将有可能由于故障切除时间过长而导致变压器的损坏。这时就需要在该侧设置一套限时速断保护，与相邻线路的速断保护配合，保证在母线或出口短路时能以最快速度切除故障。

### 5-33　变压器接地故障的后备保护主要有哪些？

**答：** 变压器的零序电流和零序电压保护作为变压器接地故障的后备保护，它们是整个电网接地保护的组成部分之一，它的配置与整定必须和电网接地保护相配合。

在中性点直接接地的接地网中，如变压器的中性点直接接地运行，对外部单相接地引起的过电流，应装设零序电流保护。零序电流的段数、动作时限及如何动作于断路器可以依据规程根据电网情况整定。

当变压器中性点可能接地运行或不接地运行时，则对外部接地引起的过电流，以及对因失去中性点引起的电压升高，应装设零序保护。对全绝缘变压器除装设零序电流保护外，并装设零序过电压保护，当接地网中单相接地失去接地中性点时，零序过电压保护经 0.3～0.5s 的时限断开变压器各侧断路器。对分级绝缘变压器、中性点应装设放电间隙，除按规定装设零序保护外，并增设反应零序电压和放电间隙电流的零序电流、电压保护，均以 0.3～0.5s 的时限跳各侧断路器，用于实现大接地电流系统中不接地变压器的过电压保护。

### 5-34 如何确定变压器后备保护所接电流互感器的位置？

答：为使保护范围尽可能大，考虑比较容易满足电流互感器10％的误差，以及在各种运行方式下不失去保护，一般变压器后备保护可按以下方案接入电流互感器：

（1）降压变压器高压侧相间后备保护应接至断路器侧独立电流互感器。中低压侧相间后备保护宜接至变压器套管电流互感器。

（2）联络变压器的中压侧相间后备保护应接至断路器独立式电流互感器。

（3）升压变压器高压侧相间后备保护应接至变压器套管电流互感器。

（4）变压器中性点放电间隙零序过电流保护间隙支路的电流互感器。

（5）零序电流保护（或方向零序电流保护）宜接至各侧主电流互感器，也可保留最末一段不带方向的零序电流保护接至中性线电流互感器。

（6）自耦变压器零序电流保护（方向零序电流保护）必须接至高、中压侧主电流互感器。

### 5-35 对于变压器新安装的差动保护在正式投运前应做哪些工作？

答：（1）安装时进行电流互感器二次极性测试，确保按符合装置要求的接线方式接入电流互感器二次回路。

（2）在变压器充电时，投入差动保护。

（3）对变压器充电合闸 5 次，以检查差动保护躲励磁涌流的性能和定值。

（4）带负荷前将差动保护停运，打开跳闸压板，测量各侧各相电流的有效值和相位，并检查其是否与实际相符。

（5）测各相差电流。

（6）检查无误后，投入差动保护。

**5-36　为什么在三绕组变压器三侧都装过电流保护？它们的保护范围是什么？**

答：当变压器任意一侧的母线发生短路故障时，过电流保护动作。因为三侧都装过电流保护，能使其有选择地切除故障。而无须将变压器停运。各侧的过电流保护可以作为本侧母线、线路的后备保护。主电源侧的过电流保护可以作为其他两侧和变压器的后备保护。

**5-37　什么是电气二次系统？常用的二次电气设备有哪些？**

答：电气二次系统是对一次设备的工作状况进行监视、测量控制、保护、调节所必需的低压系统，二次系统中的电气设备称为二次电气设备。

常用的二次电气设备包括继电保护装置、自动装置、监控装置、信号器具等，通常还包括电压互感器、电压互感器的二次绕组引出线和站用直流电源。

**5-38　二次回路的电路图按任务的不同可分为哪几种？**

答：二次回路的电路图按任务的不同可分为原理图、展开图和安装接线图。

**5-39　安装接线图应包括哪些内容？**

答：安装接线图包括屏面布置图、屏背面接线图和端子排图。

**5-40　如何对接线图中的安装单位、同型号设备、设备顺序进行编号？**

答：（1）安装单位编号以罗马数字Ⅰ、Ⅱ、Ⅲ等来表示。

（2）同型号设备在设备文字标号前以数字来区别，如 1kA、2kA。

（3）同一安装单位中的设备顺序是从左到右、从上到下，以阿拉伯数字来区别。

**5-41 二次电气设备常见的异常、故障有哪些？**

答：（1）继电保护及安全自动装置异常、故障。

（2）二次接线异常、故障。

（3）电流互感器、电压互感器等异常、故障。

（4）直流系统异常、故障。

**5-42 什么是继电保护装置？其作用是什么？**

答：定义：继电保护装置是一种由继电器和其他辅助元件构成的安全自动装置。它能反映电气元件的故障和不正常运行状态，并动作于断路器跳闸或发出信号。

作用：故障情况下将故障元件切除，不正常状态下自动发出信号，以便及时处理，可预防事故的发生和缩小事故影响范围，保证电能质量和供电可靠性。

**5-43 关于继电保护装置的基本要求有哪些？**

答：继电保护装置必须满足选择性、快速性、灵敏性和可靠性4个基本要求。

**5-44 什么是继电保护装置的选择性？**

答：继电保护装置的选择性指当系统发生故障时，继电保护装置应该有选择地切除故障，以保证非故障部分继续运行，使停电范围尽量缩小。

**5-45 什么是继电保护装置的快速性？**

答：继电保护装置的快速性指继电保护应以允许的最快速度动作于断路器跳闸，以断开故障或中止异常状态的发展。

**5-46 快速切除故障对电力系统有哪些好处？**

答：（1）可以提高电力系统并列运行的稳定性。

（2）电压恢复快，电动机容易自启动，减轻对用户的影响。

（3）降低对电气设备的损坏程度，防止故障进一步扩大。

（4）短路点易于隔离，提高重合闸的成功率。

**5-47　什么是继电保护装置的灵敏性？**

**答：**继电保护装置的灵敏性指继电保护装置对其保护范围内故障的反应能力，即继电保护装置对被保护设备发生的故障和不正常运行方式应能灵敏地感受并反应。

**5-48　什么是继电保护装置的可靠性？**

**答：**继电保护装置的可靠性指发生了属于它应该动作的故障时，它能可靠动作，即不发生拒绝动作；而在任何其他不应该动作的情况下，可靠不动作，即不发生误动。

**5-49　简述微机继电保护硬件的构成。**

**答：**数据采集系统；数据处理单元，即微机主系统；数字量输入/输出接口，即开关量输入和输出系统；通信接口。

**5-50　电力系统有哪些故障？**

**答：**电力系统的故障有线路开路或短路，电压偏高、偏低或不稳定，相序错误等。

**5-51　短路故障有何特征？**

**答：**短路故障的特征：故障点的阻抗很小，致使电流瞬时升高，短路点以前的电压下降。

**5-52　什么是过电流保护？**

**答：**过电流保护是当被测电流增大超过允许值时，执行相应保护动作（如使断路器跳闸）的一种保护，主要包括短路保护和过载保护。短路保护的特点是整定电流大，瞬时动作；过载保护的特点是整定电流较小，反时限动作。

**5-53　什么是定时限过电流保护？什么是反时限过电流保护？**

**答：**定时限过电流保护指为了实现过电流保护的动作选择性，各保护的动作时间自负荷向电源方向逐级增大，且恒定不变，与短路电流的大小无关。

反时限过电流保护指动作时间随短路电流的增大而自动减小的保护。

### 5-54 什么是电压闭锁过电流保护？

**答**：电压闭锁过电流保护是在电流保护装置中加了一个附加条件——电压闭锁。当动作电流达到整定值时，保护装置不会动作，被保护对象的电压值须同时达到整定值时，过电流保护装置才会动作，提高保护的灵敏性。

电压闭锁有低电压闭锁、复合电压闭锁等。

### 5-55 什么是距离保护？

**答**：距离保护是根据电压和电流测量保护安装处至短路点间的阻抗值，反映故障点至保护安装地点之间的距离，并根据距离力的远近而确定动作时间的一种保护。

### 5-56 什么是差动保护？

**答**：差动保护是把被保护的电气设备看成一个节点，正常时，流进被保护设备的电流和流出的电流相等，差动电流等于零。当设备出现故障时，差动电流大于零，当差动电流大于差动保护装置的整定值时，将被保护设备的各侧断路器跳开。

### 5-57 什么是气体保护？有何特点？

**答**：当变压器内部发生故障时，变压器油将分解出大量气体，利用这种气体动作的保护装置称为气体保护。

气体保护动作的速度快、灵敏度高，对变压器内部故障有良好的反应能力，但对油箱外套管及连线上的故障反应能力却很差。

### 5-58 什么是零序保护？

**答**：在大短路电流接地系统中，发生接地故障后，就有零序电流、零序电压和零序功率出现，利用这些电气量构成的保护称为零序保护。

### 5-59 在什么情况下会出现零序电流？

**答**：电力系统在三相不对称运行状况下将出现零序电流，具体情况如下：

（1）三相运行参数不同。

（2）有接地故障。

（3）缺相运行。

（4）断路器三相投入不同期。

（5）投入空载变压器时，三相的励磁涌流不同。

**5-60　什么是变压器的压力保护？**

**答：**压力保护是一种当变压器内部出现严重故障时，通过压力释放装置使油膨胀和分解产生的不正常压力得到及时释放，以免损坏油箱，造成更大的损失的保护。

压力释放装置有两种，即安全气道（防爆筒）和压力释放阀。

**5-61　什么是失灵保护？**

**答：**失灵保护是当故障元件的保护装置动作，而断路器拒绝动作时，有选择地使失灵断路器所连接母线的断路器同时断开，防止事故范围扩大的一种保护。

**5-62　什么是保护间隙？**

**答：**保护间隙是由一个带电极和一个接地极构成，两极之间相隔一定距离构成间隙。

它平时并联在被保护设备旁，在过电压侵入时，间隙先行击穿，把雷电流引入大地，保护设备的绝缘不受伤害。

**5-63　什么是失电压保护？**

**答：**当电源停电或者由于某种原因电源电压降低过多（欠电压）时，被保护设备自动从电源上切除的一种保护。

**5-64　电流互感器有几个准确度级？**

**答：**电流互感器的准确度级：0.2级、0.5级、1.0级、3.0级、D级。

测量和计量仪表使用的电流互感器准确度级别：0.5级、0.2级。

只作为电流测量用的电流互感器允许使用1.0级。

对非重要的测量，电流互感器允许使用3.0级。

**5-65　什么是故障录波器？其有什么作用？**

**答：**故障录波器是一种在系统发生故障时，自动、准确地记录故障前后过程的各种电气量变化情况的装置。

通过对这些电气量的分析、比较，对分析原因，按"四不放过"原则处理事故，判断保护是否正确动作，以及提高电力系统的安全运行水平均有着重要作用。

**5-66 低压配电线路一般有哪些保护？**

答：低压配电线路的保护一般有短路保护、过负荷保护、接地故障保护、中性线断线故障保护。

**5-67 高压输电线路一般有哪些保护？**

答：110kV 及以上电压等级的线路保护一般有差动保护、过电流保护、距离保护、零序保护、过负荷保护等。

**5-68 变压器一般有哪些保护？**

答：变压器的保护一般有差动保护、气体保护、过电流保护、过负荷保护、零序保护、温度保护、压力保护等。

**5-69 母线一般有哪些保护？**

答：35kV 及以上电压等级的母线保护一般为差动保护。

**5-70 过电流保护的种类有哪些？**

答：（1）按时间分为速断、定时限和反时限保护 3 种。

（2）按方向分为不带方向过电流、带方向过电流保护 2 种。

（3）按闭锁方式分为过电流、低电压闭锁过电流、负序电压闭锁过电流、复合电压闭锁过电流保护等。

**5-71 定时限过电流保护的特点是什么？**

答：（1）具有一定时限，在时间上需与下段线路配合，时间与短路电流大小无关。

（2）一般分三段式或四段式，各级保护时限呈阶梯形，越靠近电源，动作时限越长。

（3）保护范围主要是从本线路末端延伸至下一段线路的始端。除保护本段线路外，还作为下一段线路的后备保护。

**5-72 运行方式变化对过电流保护有何影响？**

答：电流保护在运行方式变小时，保护范围会缩小，甚至变得无保护范围。运行方式变大时，保护范围会扩大。

### 5-73 零序电流互感器是如何工作的？

**答**：零序电流互感器的一次绕组就是三相星形接线的中性线。在正常情况下，三相电流之和等于零，中性线无电流。当被保护设备或系统上发生单相接地故障时，三相电流之和不再等于零，一次绕组将流过电流，此电流等于每相零序电流的 3 倍，此时铁芯中产生磁通，二次绕组将感应出电流。

### 5-74 零序电流保护的特点是什么？

**答**：零序电流保护的特点是只反映单相接地故障。因为系统中的其他非接地短路故障不会产生零序电流，所以零序电流保护不受任何故障的干扰。

### 5-75 为何零序电流保护的整定不用避开负荷电流？

**答**：零序电流保护反应的是零序电流，而负荷电流中不包含（或很少包含）零序分量，故零序电流保护的整定不必考虑避开负荷电流。

### 5-76 变压器零序保护的作用是什么？

**答**：变压器零序保护的作用是反映变压器中性点直接接地系统侧绕组的内部及其引出线上的接地短路，也可作为相应母线和线路接地的后备保护。

### 5-77 110kV 及以上分级绝缘变压器的接地保护是如何构成的？

**答**：中性点接地：装设零序电流保护，一般设置两段，零序Ⅰ段作为变压器及母线的接地后备保护，零序Ⅱ段作为引出线的后备保护。

中性点不接地：装设瞬时动作于跳开变压器的间隙零序过电流保护及零序电压保护。

### 5-78 线路、变压器差动保护的范围是什么？

**答**：线路、变压器差动保护的范围是线路或变压器两侧电流互感器之间的一次电气部分。

**5-79　母线差动保护的范围是什么？**

**答**：母线差动保护的范围是母线各段所有出线断路器的电流互感器之间的一次电气部分。

**5-80　什么是母线差动双母线方式？什么是母线差动单母线方式？**

**答**：母线差动双母线方式指母线差动有选择性，先跳开母联以区分故障点，再跳开故障母线上的所有开关。

母线差动单母线方式指母线差动无选择性，一条母线故障引起两段母线上所有开关跳闸。

**5-81　距离保护的特点是什么？**

**答**：（1）以阻抗为判断依据，受系统运行方式的影响较小。

（2）一般分三段式或四段式，各级保护时限呈阶梯形，越靠近电源，动作时限越长。

（3）保护范围主要是本线路末端，并延伸至下一段线路的始端。除保护本段线路外，还作为下一段线路的后备保护。

**5-82　为什么距离保护突然失去电压会误动作？**

**答**：距离保护是在线路阻抗值（$Z=U/I$）不大于整定值时动作，其电压产生的是制动力矩，电流产生的是动作力矩。当突然失去电压时，制动力矩也突然变得很小，而在电流回路，则有负荷电流产生的动作力矩，如果此时闭锁回路动作失灵，距离保护就会误动作。

**5-83　气体保护的保护范围是什么？**

**答**：气体保护的主要保护范围是变压器本体内部。

**5-84　什么故障可以引起气体保护动作？**

**答**：（1）变压器内部的多相短路。

（2）匝间短路，绕组与铁芯或与外壳间的短路。

（3）铁芯故障。

（4）油面下降或漏油。

（5）分接开关接触不良或导线焊接不良。

**5-85　故障录波器的启动方式有哪些?**

答：对启动方式的选择应保证在系统发生任何类型故障时故障录波器都能可靠启动。一般包括以下启动方式：负序电压启动、低电压启动、过电流启动、零序电流启动、零序电压启动。

**5-86　断路器位置的红灯、绿灯不亮会产生哪些影响?**

答：（1）不能正确反映断路器的跳、合闸位置。

（2）不能正确反映跳合闸回路的完整性，故障时造成误判断。

（3）如果是跳闸回路故障，当发生事故时，断路器不能及时跳闸，造成事故扩大。

（4）如果是合闸回路故障，会使断路器事故跳闸后自动投入失效或不能自动重合。

第六章

# 无 功 补 偿

**6-1 简述无功补偿装置的工作原理。**

**答：** 静止型动态无功补偿器又称 SVC，主要用于补偿用户母线上的无功功率，这是通过连续调节其自身无功功率来实现的。用 $Q_s$ 表示系统总无功功率，$Q_f$ 表示用户负荷的无功功率，$Q_1$ 表示晶闸管控制电抗器（简称 TCR）的无功功率，$Q_c$ 表示电容器无功功率，上述平衡过程可以用下式来表达：$Q_s = Q_f + Q_1 - Q_c =$ 常数 $= 0$。

负荷工作时产生感性无功 $Q_f$，补偿装置中的电容器组提供固定的容性无功 $Q_c$，一般情况下，后者大于前者，多余的容性无功由 TCR 平衡。当负荷变化时，SVC 控制系统通过调节 TCR 电流从而改变 $Q_1$ 值以跟踪，实时抵消负荷无功，动态维持系统的无功平衡。

TCR 的基本结构是两个反并联的晶闸管和电抗器串联。晶闸管在电源电压的正负半周轮流工作，当晶闸管的控制角 α 为 90°～180°时，晶闸管受控导通（控制角为 90°时完全导通，控制角为 180°时完全截至）。在网压基本不变的前提下，增大控制角将减小 TCR 电流，减小装置的感性无功功率；反之减小控制角将增大 TCR 电流，增大装置的感性无功。

**6-2 简述无功补偿装置控制系统的原理。**

**答：** SVC 控制系统由控制柜、脉冲柜和功率单元组成。控制柜采集现场的电压、电流信号，计算处理后发出触发脉冲，同时监测晶闸管运行状况。脉冲柜将触发脉冲转换为符合要求的脉冲信号，实现触发。功率单元由晶闸管、阻容吸收、热管散热器、脉冲变压器、控制面板和击穿检测板组成，串入电抗器回路，在脉冲信号控制下操纵晶闸管通断，使电抗器流过预期的补偿电流。其基本结构框图网见图 6-1。

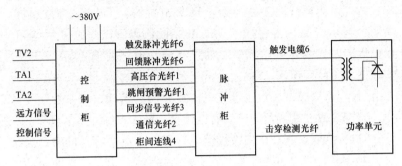

图 6-1　SVC 控制系统基本结构框图

在设备侧工控机和监控室侧电脑上分别安装了相应的 SVC 监控软件，通过该软件可实时、详细地了解到设备运行参数以及各部分性能状况。

**6-3　投运 SVC 设备的操作方法是什么？**

**答：**（1）确认高压断路器处于分闸状态。

（2）巡视功率柜单元，查看有无异常状况。

（3）功率柜室空调运行 30min 后，接通 380V 系统供电电源。

（4）用万用表校验同步电压和系统供电电源正确无误后，接通控制柜后的交流进线的自动空气开关。根据需要可选接直流进线的自动空气开关。

（5）开启工控机电源，待工控机启动后，启动 SVC 监控系统软件（若是第一次使用该软件，需要提供系统的序列号）。

（6）按下控制柜工控机下面的绿色按钮启动下位机，系统进入自检状态。此时通信板数码管显示变换的数字，控制板数码管依次显示"A""B""C"，电流、无功采样板数码管显示"0"。

（7）自检状态结束后，控制柜通信板显示变换的数字等待与上位机通信，其他数码管从左到右依次显示"0""2""2""2""1""1"。脉冲柜击穿插卡箱，数码管从左到右依次显示"A""B""C""0"。

（8）查看上位机 SVC 监控系统软件，左下角的绿色和红色通信灯不停地闪烁，界面上的参数对话框显示出数字，证明上位机与下位机通信正常。

（9）系统运行正常后，投运 TCR 电抗器。投电抗器后控制柜高压合指示灯亮，击穿插卡项的击穿板数码管，此时显示"6"。在投运同时查看数字电流表，如果有异常值（大于 200A）出现，立即扭动急停旋钮。

（10）启动脉冲：点击上位机监控界面的启动按钮，发触发脉冲。监控界面的左下角的启动后红灯亮，脉冲柜脉冲指示灯亮。

（11）由低次到高次依次投运电容器。投运电容器同时，观察数字电流表的值，如果有异常值（大于 170A）出现，立即扭动急停旋扭。电容器全部投运后，系统投运成功。

注：投运 SVC 设备前需提前启动单元室空调，温度设定在 19℃以下。

### 6-4  切 SVC 设备的操作方法有哪些？

**答：**（1）切电容器。由高次到低次依次切掉电容器的高压断路器，同时查看数字电流表，如果有异常值（大于 170A）出现，立即扭动急停旋扭。

（2）停触发脉冲：点击上位机监控界面的停止按钮，停触发脉冲。监控界面的左下角的停止后红灯亮，脉冲柜脉冲指示灯熄灭。

（3）切 TCR 电抗器。高压断路器柜侧停止投运电抗器，控制柜上高压分指示灯亮。

（4）关 SVC 监控软件。

（5）按下控制柜工控机下面的红色按钮停止下位机，断开控制柜后面的交流执行自动空气开关，SVC 设备停止运行。

### 6-5  无功补偿装置的运行规定是什么？

**答：**（1）正常情况下，运行电压不得超过电容器额定电压的 1.1 倍。

（2）电容器组允许在 1.3 倍额定电流下连续运行，三相电流值之差不超过±5%。

（3）运行中电容器过电压保护动作跳闸，应检查母线电压情况，确实为母线电压超过过电压定值时，当母线电压降至 35kV 时，可试送电容器一次。

（4）新投入或运行中电容器不平衡保护动作跳闸，由维护部人员进行电容器试验检查，经测试合格后方可试送。

（5）SVC 在运行中严禁分断 SVC 控制电源。

（6）严禁带载分断 TCR 及滤波器的高压隔离开关。

（7）出现 SVC 控制器保护动作后，应先记录 SVC 监控软件上的内容，再记录控制插卡箱和击穿插卡箱上故障指示灯状态，后清除故障。

（8）SVC 运行中应随时留意 TCR 控制器的工作状态，出现异常情况应及时记录和处理。

（9）空调运行良好，保证功率单元室内温度不应超过 40℃，温度过高应及时启动风机。

（10）功率单元装置周围不得有危及完全运行的物体。

（11）巡回检查时要全面检查 SVC 设备。夜间熄灯检查时，查看系统中是否有电晕产生及局部放电现象。

（12）交接班时巡检一次，并做好记录。

（13）系统不正常时要增加检查次数，气候恶劣时应进行特殊检查。

（14）电容器停电检修时，待该装置停电 5min 后再将 A、B、C 三相接地开关合上。

**6-6　对无功补偿装置的运行检查项目都有哪些？**

**答：**（1）检查瓷绝缘有无破损裂纹、放电痕迹，表面是否清洁。

（2）母线及引线是否过紧、过松，设备连接处有无松动、过热、打火现象。

（3）设备外表涂漆是否变色、变形，外壳有无鼓肚、膨胀变形，接缝有无开裂、渗漏液现象，内部有无异声，外壳温度不超过 50℃。

（4）电容器编号正确，各接头无发热现象。

（5）熔断器、接地装置、放电回路及指示灯是否完好，接地引线有无严重锈蚀、断股。

（6）电抗器附近无磁性杂物；油漆无脱落、线圈无变形；无放电及焦味；电抗器水平、垂直绑扎带有无损伤。

（7）检查线圈的通风道路是否畅通，发现异物应及时清除。

（8）电缆挂牌是否齐全完整，内容正确，字迹清楚。电缆外皮有无损伤，支撑是否牢固。电缆和电缆头有无渗油、漏胶，有无火花放电等现象。

**6-7　简述无功补偿装置综合保护板死机的故障现象及处理方法。**

**答：**综合保护板死机故障现象是系统立即跳闸上位机弹出红色警告对话框显示"综合保护板死机"。

故障处理：记录上位机显示的故障现象和下位机控制插卡箱数码管的状态；更换综合保护板，重新启动 SVC 系统，查看故障是否排除；更换通信板，重新启动 SVC 系统，查看故障是否排除。

**6-8　简述无功补偿装置控制板死机的故障现象及处理方法。**

**答：**控制板分为 AB、BC、CA 三相，三块控制板可以互换使用。三块控制板故障现象及处理方法相类似，这里以 AB 相控制板为例。

故障现象：AB 相控制板死机，系统立即跳闸上位机弹出红色警告对话框显示"控制板 AB 死机"。下位机控制插卡箱的综合保护板数码管显示"7"，另两块控制板的数码管显示"9"。

故障处理：

（1）记录上位机显示的故障现象和下位机控制插卡箱数码管的状态。

（2）更换 AB 相控制板，重新启动 SVC 系统，查看故障是否排除。

（3）更换综合保护板，重新启动 SVC 系统，查看故障是否排除。

**6-9　简述无功补偿装置电流采样板死机的故障现象及处理方法。**

**答：**故障现象：电流采样板死机，系统立即跳闸上位机弹出红色警告对话框显示"电流采样板死机"。下位机控制插卡箱的综合保护板数码管显示"b",三块控制板的数码管显示"9"。

故障处理:

(1)记录上位机显示的故障现象和下位机控制插卡箱数码管的状态。

(2)更换电流采样板,重新启动 SVC 系统,查看故障是否排除。

(3)更换综合保护板,重新启动 SVC 系统,查看故障是否排除。

**6-10 简述无功补偿装置电压采样板死机的故障现象及处理方法。**

**答**:故障现象:电压采样板死机,系统立即跳闸上位机弹出红色警告对话框显示"电压采样板死机"。下位机控制插卡箱的综合保护板数码管显示"C",三块控制板的数码管显示"9"。

故障处理:

(1)记录上位机显示的故障现象和下位机控制插卡箱数码管的状态。

(2)更换电压采样板,重新启动 SVC 系统,查看故障是否排除。

(3)更换综合保护板,重新启动 SVC 系统,查看故障是否排除。

**6-11 简述无功补偿装置通信板死机的故障现象及处理方法。**

**答**:故障现象:通信板死机,系统立即跳闸上位机弹出红色警告对话框显示"通信板死机"。下位机控制插卡箱的综合保护板数码管显示"d",三块控制板的数码管显示"9"。

故障处理:

(1)记录上位机显示的故障现象和下位机控制插卡箱数码管的状态。

(2)更换通信板,重新启动 SVC 系统,查看故障是否排除。

(3)更换综合保护板,重新启动 SVC 系统,查看故障是否排除。

**6-12 简述无功补偿装置击穿系统板死机的故障现象及处理方法。**

**答：**故障现象：击穿系统板死机，系统立即跳闸上位机弹出红色警告对话框显示"击穿综合板死机"。下位机控制插卡箱的综合保护板数码管显示"A"，三块控制板的数码管显示"9"。

故障处理：

（1）记录上位机显示的故障现象和下位机控制插卡箱数码管的状态。

（2）更换击穿系统板，重新启动 SVC 系统，查看故障是否排除。

（3）更换综合保护板，重新启动 SVC 系统，查看故障是否排除。

**6-13 简述无功补偿装置击穿检测板死机的故障现象及处理方法。**

**答：**击穿检测板分为 AB、BC、CA 三相，三块击穿检测板可以互换使用。三块击穿检测板板故障现象及处理方法相类似，这里以 AB 相击穿检测板为例。

故障现象：AB 相击穿检测板死机，系统立即跳闸上位机弹出红色警告对话框显示"AB 相击穿检测板死机"。下位机控制插卡箱的综合保护板数码管显示"A"，另两块控制板的数码管显示"9"。击穿插卡箱的击穿系统板显示"7"。

故障处理：

（1）记录上位机显示的故障现象和下位机控制插卡箱及击穿插卡箱数码管的状态。

（2）更换 AB 相击穿检测板，重新启动 SVC 系统，查看故障是否排除。

（3）更换击穿系统板，重新启动 SVC 系统，查看故障是否排除。

（4）更换综合保护板，重新启动 SVC 系统，查看故障是否排除。

**6-14 简述无功补偿装置丢脉冲的故障现象及处理方法。**

**答**：触发脉冲分为 AB＋、AB－、BC＋、BC－、CA＋、CA－，六路触发脉冲丢失现象和故障处理的方法相类似，现以 AB＋丢脉冲故障为例。

故障现象：AB＋丢脉冲故障，系统立即跳闸上位机弹出红色警告对话框显示"AB＋丢脉冲"。下位机控制插卡箱的综合保护板数码管显示"4"，AB 相控制板数码管显示"7"，另两块控制板的数码管显示"9"。

故障处理：

（1）记录上位机显示的故障现象和下位机控制插卡箱数码管的状态。

（2）检查控制柜和脉冲柜内各插头、插座及接线是否松动。

（3）更换 AB 相控制板，重新启动 SVC 系统，不投运高压，手动状态下发触发脉冲，查看故障是否排除。

（4）更换 AB＋脉冲形成器，重新启动 SVC 系统，不投运高压，手动状态下发触发脉冲，查看故障是否排除。

（5）更换 AB 相阻抗匹配板，重新启动 SVC 系统，不投运高压，手动状态下发触发脉冲，查看故障是否排除。

（6）更换 AB＋相触发脉冲的发射光纤和反馈光纤，重新启动 SVC 系统，不投运高压，手动状态下发触发脉冲，查看故障是否排除。

**6-15 简述无功补偿装置温度的故障现象及处理方法。**

**答**：故障现象：温度故障，系统立即跳闸上位机弹出红色警告对话框显示"温度保护"。

故障处理：将室内换气装置开启，打开备用空调，等待室内温度降低后再重新启动 SVC 设备。

**6-16 简述无功补偿装置击穿的故障现象及处理方法。**

**答**：击穿检测板分为 AB、BC、CA 三相，三相击穿检测板可以互换使用，并且击穿现象和故障处理方法相类似，这里以 AB 相击穿检测板为例。

故障现象：AB 相击穿检测板报击穿故障，分为两种情况：一种是击穿的晶闸管数量小于击穿整定值的数量，此时只是报故障现象即虽然有晶闸管击穿但是并不跳闸，SVC 系统还可以正常运行。另一种是击穿的晶闸管数量大于等于击穿整定值的数量，此时既报故障现象又立即跳闸，保护 SVC 系统以免击穿更多晶闸管。

（1）击穿数量小于整定值（以 1 号晶闸管击穿为例）：

系统仍然正常运行，上位机弹出红色警告对话框显示"1 硅击穿（报警）"。点击上位机监控软件的"晶闸管监控"按钮，可以看到 AB 相 1 号晶闸管位置的灯熄灭。下位机击穿插卡箱的 AB 相击穿检测板的数码管显示数字"5"，对应的第一个二极管熄灭。

（2）击穿数量大于等于整定值（以 1、2、3 号晶闸管击穿为例）：

系统立即跳闸，上位机弹出红色警告对话框显示"1、2、3 硅跳闸，AB 击穿检测板跳闸"。点击上位机监控软件的"晶闸管监控"按钮，可以看到 AB 相 1、2、3 号晶闸管位置的灯熄灭。下位机击穿插卡箱的 AB 相击穿检测板的数码管显示数字"4"，对应的第 1、2、3 个二极管熄灭。

故障处理：第一种故障情况可以等到系统检修时进行故障处理，第二种情况需要立即进行处理。处理步骤如下：

（1）确认 SVC 设备停止运行，高压断路器在检修状态，功率柜三相均挂接地线。

（2）根据光纤两侧的号码确认功率柜一侧发生故障晶闸管的位置。

（3）用万用表调到欧姆 R×1k 挡上，测量该位置晶闸管两端（正反相）电阻值应不小于 39kΩ。

（4）如果晶闸管电阻小于 39kΩ，卸下晶闸管再重新测量。阻值小于 39kΩ，晶闸管被击穿。如果晶闸管正常，阻容吸收的电容器可能损坏。用电容表测量电容值进一步确认是否与标牌一致。

（5）如果晶闸管电阻不小于 39kΩ，用万用表测量该位置阻容吸收电路的电阻阻值是否约为 40Ω，若不是，则该电阻损坏。

（6）做低压导通试验，查看晶闸管是否正确导通。

（7）若以上均正常，更换击穿检测模块，拆除地线，启动系统，投运 TCR 高压查看是否正常。

（8）更换击穿反馈光纤，拆除地线，启动系统，投运 TCR 高压查看是否正常。

（9）更换击穿 AB 相击穿检测板，拆除地线，启动系统，投运 TCR 高压查看是否正常。

**6-17　简述 SVG 的补偿原理。**

答：SVG 的基本原理是利用可关断大功率电力电子器件（如 IGBT）组成自换相桥式电路，经过电抗器或者变压器并联在电网上，适当地调节桥式电路交流侧输出电压的幅值和相位，或者直接控制其交流侧电流，就可以使该电路吸收或者发出满足要求的无功电流，实现动态无功补偿的目的。

**6-18　SVG 的系统由哪几部分组成？**

答：主要由控制柜、功率单元柜、户外开关、空心连接电抗器、电流传感器组成。

**6-19　SVG 控制柜由哪几部分组成？**

答：控制柜由主控控制屏柜和监控保护屏柜组成。每台屏柜采用 $600 \times 800 \times 2200$ 的标准屏柜，屏柜侧面和底部均要求开走线孔，使得与模块柜并柜或分开安装时均可以灵活走线。

**6-20　SVG 主控控制屏柜由哪几部分组成？**

答：主控控制屏柜主要由控制系统、供电电源、控制开关等组成。供电电源提供 AC 220V 电源系统为主控系统供电；控制开关包括 4 个控制箱控制电源开关，PT 电源开关，CT 电源开关；控制系统结构上采用 6U/12 槽机箱，由 1 个主控箱和 3 个脉冲控制箱构成；主控箱由 1 块电源板，2 块采样板，1 块主控板和 6 块光纤板，1 块 IO 板组成；脉冲控制箱由 1 块电源板，1 块脉冲分配板，8 块光纤板组成。

**6-21　SVG 监控保护屏柜由哪几部分组成？**

答：监控保护屏柜主要由 PLC、继电器、接触器、人机界面、监控屏、供电电源、控制开关等组成。

### 6-22 SVG功率单元柜由哪几部分组成？

**答**：功率单元柜由IGBT功率单元、冷却风道和连接铜排等组成。

### 6-23 SVG户外开关由哪几部分组成？

**答**：由断路器、隔离开关、充电电阻等几个部分组成。

### 6-24 简述SVG装置的运行状态。

**答**：SVG装置带电时，运行在四种工作状态：待机、充电、运行、跳闸。各状态说明和转换关系如下：

（1）待机状态：装置上电后立即进入待机状态，合风机后闭合3441，然后进行自检。若无任何故障且状态正常，主控系统则下发并网命令，即转入充电状态。

（2）充电状态：表示装置的直流电容正在充电，若在3441闭合后直流电压充电到超过直流设定值，则自动闭合3442以短路充电电阻，3442闭合即转入并网运行状态。

（3）运行状态：表示装置处于并网运行的工作状态，可以在各种控制方式下输出电流，达到补偿无功、负序或谐波的效果。

若在此过程中出现欠电压等报警，不影响装置正常运行；

若在此过程中出现过电流、过电压等可恢复故障，装置将闭锁，待手动或自动复位消除故障后，装置将重新解锁运行；

若在此过程中出现通信故障等严重故障或收到停机命令，装置将发跳闸命令，并转到跳闸状态。

（4）跳闸状态：表示装置正在执行跳闸指令。一进入跳闸状态，装置就立刻发跳闸命令。装置将闭锁，3442和3441断开。

### 6-25 简述SVG装置控制柜的使用说明。

**答**：装置提供了液晶操作面板、控制按钮和远程后台3种方式对装置进行操作。液晶操作面板和控制按钮布置在控制柜上，远程后台一般安放在离装置有一定距离的远程监控室。控制柜上的控制按钮任何时候均有效，液晶操作面板和远程后台的控制指令任何时候只有一个有效，通过控制柜旋钮开关的"远方/就地"命令选择。控制面板由指示灯、操作按钮和液晶屏组成。控制屏元件说明见表6-1。

表 6-1 控制屏元件说明

| 类别 | 名称 | 功　能 |
|---|---|---|
| 指示灯 | 电源指示灯 | 指示控制电源已经接入,控制系统供电正常 |
| | 运行指示灯 | 指示装置是否处于并网运行状态,装置并网后运行灯亮,装置退出运行时运行灯灭 |
| | 3442 | 指示旁路开关的开合状态:开关合闸,灯亮;开关分闸,灯灭 |
| | 故障指示灯 | 指示装置是否有故障,装置并网前出现严重故障,或者并网后出现引起跳闸的故障时,故障指示灯亮 |
| | 3441 | 指示主断路器的开合状态:开关合闸,灯亮,开关分闸,灯灭 |
| | 人机界面 | 用户在本地控制室操作装置时使用液晶屏,该液晶屏为触摸屏,用户无须键盘,即可直接通过液晶屏进行状态监视、参数设置、运行控制、故障查询等操作 |
| 自动空气开关 | 控制电源 | 开关上拨为开启,交流 220V 电源总开关,给控制柜供电 |
| | 检修电源 | 开关上拨为开启,为控制柜内部检修灯和插排供电 |
| | 风机电源 | 开关上拨为开启,风机电源 AC 380V 总开关 |
| 旋钮开关 | 手动/自动 | 选择 SVG 运行模式,是手动操作还是自动运行 |
| | 远方/就地 | 选择液晶面板或者远程后台的控制指令、控制命令有效 |
| | 风机手动/自动 | 选择风机是必须手动开启,还是 SVG 运行自动运行时自动开启 |
| 按钮开关 | 急停 | 装置退出按钮,在任何状态下按下停机按钮,将断开装置与系统连接的断路器 |

## 6-26 如何将 SVG 设备启动?

答:(1)模式选择:选择手动模式。

(2)参数预设置:依次点击主界面"系统参数""连接片状态"以及"PLC 参数",分别对界面参数进行设置。

(3)系统上高压:确保经过 PT 的系统电压进到装置接线端子的信号相序正确,同时确保高压警戒标识和警戒围栏已就绪,SVG 装置四周内无闲杂人员;把 35kV 高压进线接至模块柜进线端,注意相序是否正确;再次检查高压主回路接线是否正确可靠;

准备就绪后合配电柜开关和进线开关，确认急停按钮弹出，启动/停机按钮处于停机状态。

（4）清故障：触摸屏下发清故障命令，通知主控 DSP 进入状态和故障初始化；PLC 从 DSP 读到清故障命令位反馈后自动下发撤销清故障命令。

（5）预充电：合风机，合 3441，对装置充电，经过约 20s，可以给每个功率单元充电到 530V。

（6）自检：监控屏→主控 DSP→主控 FPGA→阀控 FPGA→功率单元下发自检命令。自检过程包含单元放电功能，也就是自检开始时阀控给本阀组直流电压偏高的单元发出放电信号，一直持续一段时间（如 5s）之后再发出自检命令。

（7）输出对相位：自检完成后下发开脉冲命令。

（8）抬压：当功率单元直流电压达到 530V（大约 2s，减少并网冲击）后，触摸屏下发开脉冲命令，对功率单元进行并网充电。大约 10s，功率单元可充电到 700V。

（9）并网完成：当直流电压稳定到 700V 左右（30s 左右），直接下发 3442 命令，系统会在合旁路开关后立即下发开脉冲命令（旁路开关合上后和下发开脉冲命令之间时间间隔小于 10s），此时装置并网完成。

### 6-27　如何将 SVG 设备停止？

**答：** 在正常运行中，点击主界面的"停机"命令或"PLC 逻辑参数"界面的"停机"命令，装置设备自动停止。

### 6-28　简述 SVG 装置的常见故障及处理方法。

**答：** SVG 装置的常见故障及处理方法见表 6-2。

表 6-2　　　　　　　　SVG 装置的常见故障及处理方法

| 序号 | 故障类型 | 故障原因 | 保护动作 | 处理方法 |
|---|---|---|---|---|
| 1 | 某一单元温度报警（60℃） | 对应单元温度检测异常 | 报警 | 系统可以继续运行，待停机检修时根据故障记录查找故障原因，确认是否散热问题或者故障检测通道问题 |

续表

| 序号 | 故障类型 | 故障原因 | 保护动作 | 处理方法 |
|---|---|---|---|---|
| 2 | 某一单元温度报警（70℃） | 对应单元温度检测异常 | 装置退出 | 查找故障原因，确认是否为散热问题或是故障检测通道问题 |
| 3 | 某一单元直流欠电压（700V） | 对应单元直流电压检测异常 | 报警 | 系统可以继续运行，待停机检修时查找故障原因，确认是否为直流电压问题或是电压检测通道问题 |
| 4 | 某一单元直流过电压(1200V) | 对应单元直流电压检测异常 | 装置退出 | 查找故障原因，确认是否为直流电压问题或是电压检测通道问题 |
| 5 | 某一单元IGBT过电流 | 对应单元IGBT状态检测异常 | 装置退出 | 查找故障原因，确认是否为IGBT故障 |
| 6 | 某一单元IGBT开路 | 对应单元IGBT状态检测异常 | 装置停止，自检退出 | 查找故障原因，确认是否为IGBT故障 |
| 7 | 某一单元IGBT短路 | 对应单元IGBT状态检测异常 | 装置停止，自检退出 | 查找故障原因，确认是否为IGBT故障 |
| 8 | 某一单元上行光纤R故障 | 对应单元光纤状态检测异常 | 装置退出 | 查找故障原因，确认是否为光纤故障 |
| 9 | 某一单元下行光纤T故障 | 对应单元光纤状态检测异常 | 装置退出 | 查找故障原因，确认是否为光纤故障 |
| 10 | 系统过电压故障 | 母线电压过电压检测 | 装置退出 | 查找故障原因，确认母线电压恢复正常 |
| 11 | 系统欠电压故障 | 母线电压欠电压检测 | 装置退出 | 查找故障原因，确认母线电压恢复正常 |
| 12 | 输出过电流故障 | 装置输出检测异常 | 装置退出 | 查找故障原因 |
| 13 | 输出速断故障 | 装置输出检测异常 | 装置退出 | 查找故障原因 |
| 14 | 三相电压不平衡故障 | 系统电压检测异常 | 装置退出 | 查找故障原因，确认母线电压恢复正常 |

SVG 装置每年进行一次全面维护。其维护包括各元件的外观检查，各支路电容、电感值的测试，元件及绝缘子表面的去污等内容。

运行人员清扫二次接线时，使用的清扫工具应干燥，金属部分应包好绝缘，工作人员应穿长袖工作服，戴线手套，工作时将手表摘下，并应小心谨慎清扫，不能用力抽打，以免引起保护误动作。

**6-29 关于 SVG 维护的注意事项有哪些？**

**答：**（1）在 SVG 运行发生状况下禁止违反操作规程随意操作开关，以及操作控制柜和保护柜内的工控机；禁止任何对各柜体内部电路板及设备的带电操作；禁止任何非专业人员对各柜体的操作。正常运行状况下，所有柜体背面门关闭，检修需要停机时要请专业人员在确保安全的情况下进行操作。

（2）装置必须就近设置消防设施，并应设有消防通道。任何火（烟）监测器的失灵应启动报警，但不得启动火灾报警或火灾监测系统失灵报警。若有真实火灾发生，SVG 需关闭，并断开主供电电源。

（3）为了使装置能够正常工作，室温需要维持在 $0\sim45℃$。平时室门关闭，避免因灰尘进入缩短设备使用寿命。设备检修时，SVG 设备控制室内需要保持室内清洁。定期清扫柜体内灰尘，保持柜体内清洁。柜体清洁时，勿使用腐蚀性材料擦拭柜体，以免柜体表面受损生锈。

**6-30 常用开关的灭弧介质有哪几种？**

**答：**真空、空气、$SF_6$ 气体、绝缘油。

**6-31 断路器灭弧室的作用是什么？灭弧方式有哪几种？**

**答：**断路器灭弧室的作用是熄灭电弧。

灭弧方式：纵吹、横吹及纵横吹。

**6-32 常用的灭弧法有哪些？**

**答：**常用的灭弧法有速拉灭弧法、冷却灭弧法、吹弧灭弧法、长弧切短灭弧法、狭沟或狭缝灭弧法、真空灭弧法和 $SF_6$ 灭弧法。

**6-33 SF₆气体有哪些主要的物理性质?**

**答**：$SF_6$气体是无色、无味、无毒、不易燃的惰性气体，具有优良的绝缘性能，且不会老化变质，密度约为空气的 5.1 倍，在标准大气压下，62℃时液化。

**6-34 SF₆气体有哪些良好的灭弧性能?**

**答**：(1) 弧柱导电率高，燃弧电压很低，弧柱能量较小。

(2) 当交流电流过零时，$SF_6$气体的介质绝缘强度恢复速度快，约比空气快 100 倍，即它的灭弧能力比空气的高 100 倍。

(3) $SF_6$气体的绝缘强度较高。

**6-35 SF₆断路器有哪些优点?**

**答**：(1) 断口电压高。

(2) 允许断路次数多。

(3) 断路性能好。

(4) 额定电流大。

(5) 占地面积小，抗污染能力强。

**6-36 简述真空断路器的灭弧原理。**

**答**：当断路器的动触头和静触头分开的时候，在高电场作用下，触头周围的介质粒子发生电离、热游离、碰撞游离，从而产生电弧。如果动、静触头处于绝对真空之中，当触头开断时，由于没有任何物质存在，也就不会产生电弧，电路就很容易分断了。

真空断路器灭弧室的真空度非常高，电弧所产生的微量离子和金属蒸气会极速扩散，从而受到强烈的冷却作用，一旦电流过零熄弧后，真空间隙介电强度的恢复速度也极快，从而使电弧不再重燃。这就是真空断路器利用高真空来熄灭电弧并维持极间绝缘的基本原理。

**6-37 真空断路器有哪些特点?**

**答**：真空断路器具有触头开距小，燃弧时间短，触头在开断故障电流时烧伤轻微等特点，因此真空断路器所需的操作能量小、动作快。它同时还具有体积小、质量小、维护工作量小，能防火、防爆，操作噪声小的优点。

**6-38 什么是断路器的金属短接时间？**

答：断路器为了满足在分、合闸循环下开断性能的要求，在断路器分、合过程中，动、静触头直接接触的时间叫作金属短接时间。

**6-39 断路器灭弧罩的作用是什么？**

答：（1）引导电弧纵向吹出，借此防止发生相间短路。

（2）使电弧与灭弧室的绝缘壁接触，从而迅速冷却，增加去游离作用，提高弧柱压降，迫使电弧熄灭。

**6-40 低压开关灭弧罩受潮有何危害？为什么？**

答：受潮会使低压开关的绝缘性能降低，使触头严重烧损，损坏整个开关，以致其报废不能使用。

弧罩是用来熄灭电弧的重要部件，一般用石棉水泥、耐弧塑料、陶土或玻璃丝布板等材料制成，若这些材料制成的灭弧罩受潮严重，不但影响绝缘性能，而且使灭弧的作用大大降低。在电弧的高温作用下，灭弧罩里的水分被汽化，造成灭弧罩上部压力增大，电弧不容易进入灭弧罩，加长燃烧时间，使触头严重烧坏，以致整个开关报废。

**6-41 SF$_6$断路器通常装设哪些压力闭锁、信号报警？**

答：（1）SF$_6$气体压力降低信号，即补气报警信号。一般该气体压力比额定工作气压低 5%～10%。

（2）分、合闸闭锁及信号回路，当压力降低到某数值时，就不允许进行合、分闸操作，一般该值比额定工作气压低 5%～10%。

**6-42 断路器投入运行前应进行哪些检查？**

答：（1）收回所有工作票，拆除安全措施，恢复固定安全措施，检查绝缘电阻值记录应正常。

（2）断路器两侧隔离开关均应在断开位置。

（3）断路器本体、引线套管应清洁完整、不渗油、不漏油。

（4）断路器及套管的各部油位应在规定范围内，油色正常。

（5）机械位置指示器及断路器拐臂位置应正确。

（6）排气管及相间隔板应完整无损。

（7）断路器本体各部无杂物，周围清洁、无易燃物品。

（8）各部一、二次侧接线应良好。

（9）对于 $SF_6$ 断路器，应检查其压力正常。

（10）保护及二次回路变动时，应做好保护跳闸试验和断路器的拉合闸试验，禁止将操动机构拒绝跳闸的断路器投入运行。

### 6-43　高压断路器在操作中应注意什么？

**答：**（1）远方操作的断路器不允许带电手动合闸，以免合入故障回路，使断路器损坏或爆炸。

（2）拧动控制开关不得用力过猛或操作过快，以免操作失灵。

（3）断路器合闸送电或跳闸后试输电时，其他人员应尽量远离现场，避免因带故障合闸造成断路器损坏或发生意外。

（4）拒绝跳闸的断路器不得投入运行或作为备用。

（5）断路器分、合闸后，应立即检查有关信号和测量仪表，同时应到现场检查其实际分、合位置。

### 6-44　如何确定断路器已断开？

**答：**（1）红灯应熄灭，绿灯应亮。

（2）操动机构的分、合指示器应在分闸位置。

（3）电流表指示应为零。

### 6-45　如何确定断路器已合上？

**答：**（1）绿灯应熄灭，红灯应亮。

（2）操动机构的分、合指示器应在合闸位置。

（3）如果是负荷断路器，电流表应有指示。

（4）给母线充电后，母线电压表的指示应正确。

（5）合上变压器电源侧断路器后，变压器的声响应正常。

### 6-46　断路器出现哪些异常时应做停电处理？

**答：**（1）支持瓷绝缘子断裂或套管炸裂。

（2）连接处过热变红或烧红。

（3）绝缘子严重放电。

（4）$SF_6$ 断路器的气室严重漏气，发出操作闭锁信号。

（5）液压机构突然失电压到零。

（6）真空断路器真空损坏。

### 6-47 真空断路器的异常运行主要包括哪些情况？

答：真空灭弧室真空度失常。真空断路器运行时，正常情况下其灭弧室的屏蔽罩颜色应无异常变化，真空度正常。若运行中或合闸前（一端带电压），真空灭弧室出现红色或乳白色辉光，说明真空度下降，影响灭弧性能，应更换灭弧室。

### 6-48 操作中误拉、误合断路器时应如何处理？

答：（1）当误合上断路器时，应立即将其断开，并检查该断路器和充电设备有无异常，然后立即向调度报告。

（2）当误拉断断路器时，不允许再次合闸，应立即向调度汇报，然后根据调度命令进行操作。

### 6-49 户外跌落式熔断器的用途有什么？

答：户外跌落式熔断器是户外高压保护电器，适用于35kV及以下电压，频率为50Hz的电力系统中，装置在配电变压器高压侧或配电线支干线路上，用作输电线路、电力变压器过载和短路保护以及分、合负荷电流，其机械寿命不低于2000次。

### 6-50 简述户外跌落式熔断器的结构及工作原理。

答：结构：户外跌落式熔断器是由基座和消弧装置两大部分组成，静触头安装在绝缘支架两端，动触头安装在熔管两端，灭弧管由内层的消弧管和外层的酚醛纸管或环氧玻璃布管组成，其下端装有可以转动的弹簧支架，始终使熔丝处于紧张状态，以保证灭弧管在合闸位置的自锁。

工作原理：当系统发生故障时，故障电流使熔丝迅速熔断并形成电弧，消弧管受电弧灼热，分解出大量的气体，使管内形成很高的压力，并沿管道形成纵吹，电弧被迅速拉长而熄灭。熔丝熔断后，下部动触头失去张力下翻，锁紧机械，释放熔管，熔管跌落，形成明显的开断位置。

### 6-51 操作跌落式熔断器时应注意哪些事项？

答：（1）断开熔断器时，一般先拉中相，再拉背风的边相，最后拉迎风的边相，合熔断器时顺序相反。

（2）合上熔断器时，不可用力过猛，当熔管与鸭嘴对正，且距离鸭嘴 80～110mm 时，再适当用力合上。

（3）合上熔断器后，要用拉闸杆钩住熔断器鸭嘴上盖向下压两下，再轻轻试拉看是否合好。

### 6-52　什么是负荷开关？

**答：**负荷开关的构造与隔离开关相似，只是加装了简单的灭弧装置。其有一定的断流能力，可以带负荷操作，但不能直接断开短路电流，如果需要，要依靠与它串接的高压熔断器来实现。

### 6-53　控制按钮的作用是什么？

**答：**控制按钮常用在接通、分断磁力启动器、接触器和继电器等线圈的回路中，实现远距离控制和就地控制。

### 6-54　控制按钮有哪几种类型？

**答：**控制按钮的种类很多，有专供启动用的启动按钮，有专供停止用的停止按钮。还有供启动/停止用的复合按钮，内设有动合、动断两对触点，供不同场合下使用。

### 6-55　什么是行程开关？行程开关主要由哪几部分组成？

**答：**行程开关是把机械信号转变为电气信号的电气开关，可进行转换机械动作信息的传递，常用于机床自动控制，限制运行机构动作（或行程）及程序控制。

行程开关的主要组成部分有微动开关、复位弹簧轴、撞块、杠杆、滚轮。

### 6-56　什么是隔离开关？

**答：**隔离开关是高压断路器的一种，俗称刀闸。因为它没有专门的灭弧装置，所以不能用它来接通、切断负荷电流和短路电流。

### 6-57　隔离开关的作用是什么？

**答：**（1）隔离电源。用隔离开关将需要检修的电气设备与电源可靠地隔离或接地，以保证检修工作安全进行。

（2）改变运行方式。在双母线电路中，将设备或供电线路从组母线切换到另一组母线上去。

（3）用以接通和切断小电流的电路。

### 6-58 隔离开关有什么特点？

**答：**（1）隔离开关的触头全部露在空气中，这可使断开点能明显可见。隔离开关的动触头和静触头断开后，两者之间的距离应大于被击穿时所需的距离，避免在电路中发生过电压时断开点发生闪络，以保证检修人员的安全。

（2）隔离开关没有灭弧装置，因此仅能用来分合只有电压没有负荷电流的电路，否则会在隔离开关的触头间形成强大的电弧危及设备和人身安全，造成重大事故。在电路中，隔离开关一般只能在断路器已将电路断开的情况下才能接通或断开。

（3）隔离开关应有足够的动稳定和热稳定能力，并能保证在规定的接通和断开次数内，不致发生故障。

### 6-59 隔离开关的类型有哪些？

**答：**（1）按装置地点，可分为户内用和户外用。

（2）按极数，可分为单极和三极。

（3）按有无接地开关，可分为带接地开关和不带接地开关。

（4）按用途，可分为快速分闸用和变压器中性点接地用等。

### 6-60 关于隔离开关的基本要求有哪些？

**答：**（1）隔离开关应有明显的断开点。

（2）隔离开关的断开点间应具有可靠的绝缘。

（3）应具有足够的短路稳定性。

（4）结构简单、动作可靠。

（5）主隔离开关与其接地开关间应相互闭锁。

### 6-61 电动操动机构适用于哪类隔离开关？

**答：**电动操动机构主要适用于需远距离操作重型隔离开关及110kV及以上的户外隔离开关。

### 6-62 为什么不能用隔离开关拉合负荷回路？

**答：**因为隔离开关没有灭弧装置，不具备拉合较大电流的能力，拉合负荷电流时产生的强烈电弧可能会造成相间短路，引起重大事故。所以，不能用隔离开关拉合负荷回路。

**6-63 未装设断路器时，隔离开关可进行哪些操作？**

**答：**（1）拉开或合上无故障的电压互感器或避雷器。

（2）拉开或合上无故障的母线。

（3）拉开或合上变压器的中性点隔离开关。不论中性点是否接有消弧线圈，只有在该系统没有接地故障时才可进行。

（4）拉开或合上励磁电流不超过 2A 的无故障的空载变压器。

（5）拉开或合上电容电流不超过 5A 的无故障的空载线路。但当电压在 20kV 及以上时，应使用室外垂直分合式的三联隔离开关。

**6-64 隔离开关的操作要点有哪些？**

**答：**合闸时：对准操作项，操作迅速果断，但不要用力过猛。操作完毕，要检查合闸良好。

拉闸时：开始动作要慢而谨慎，刀式动触点离开静触头时应迅速拉开。拉闸完毕，检查断开应良好。

**6-65 手动操作隔离开关时应注意什么？**

**答：**（1）操作前，必须检查断路器确实是在断开位置。

（2）合闸操作时，不论用手动传动，还是用绝缘杆加力操作，都必须迅速果断，在合闸终了时不可用力过猛。

（3）合闸后，应检查隔离开关的触头是否完全合入，接触是否严密。

（4）拉闸操作时，开始应慢而谨慎，当刀片刚离开固定触头时，应迅速果断，以便能迅速消弧。

（5）拉开隔离开关后，应检查每一相确实已断开。

（6）拉合单相式隔离开关时，应先拉开中相，后拉开边相。合入操作时的顺序与拉开时的顺序相反。

（7）隔离开关应按连锁（微机闭锁）程序操作，当连锁（微机闭锁）装置失灵时，应查明原因，不得自行解锁。

**6-66 发生带负荷拉合隔离开关时应怎么办？**

**答：**（1）在操作中发生错合时，甚至在合闸时发生电弧，也不准将隔离开关再拉开，因为带负荷拉隔离开关将造成又一次的相弧光短路。

（2）如果错拉隔离开关，在开始阶段发现错误，应立即向相反方向操作，将隔离开关重新合上。若隔离开关已拉开，不得重新合上。这时，若电弧未熄灭，应迅速断开该回路断路器。

（3）若是单相式隔离开关，操作一相后发现错误，则不应继续操作其他两相。

**6-67　在电气一次系统隔离开关送电前，应做哪些检查？**

**答：**（1）支持瓷绝缘子、拉杆瓷绝缘子，应清洁、完整。

（2）试拉隔离开关时，三相动作应一致，触头应接触良好。

（3）接地开关与其主隔离开关机械闭锁应良好。

（4）操动机构动作应灵活。

（5）机构传动应自如，无卡涩现象。

（6）动、静触头接触良好，接触深度要适当。

（7）操作回路中，位置开关、限位开关、接触器、按钮及辅助触点应操作转换灵活。

**6-68　正常运行中，对隔离开关的检查内容有哪些？**

**答：**（1）隔离开关的刀片应正直、光洁，无锈蚀、烧伤等异常状态。

（2）消弧罩及消弧触头完整，位置正确。

（3）隔离开关的传动机构、联动杠杆、辅助触点及闭锁销子应完整，无脱落、损坏现象。

（4）合闸状态的三相隔离开关每相接触紧密，无弯曲、变形、发热、变色等异常现象。

**6-69　隔离开关及母线在哪些情况下应进行特殊检查？**

**答：**（1）过负荷时，应对母线和隔离开关进行详细检查，查看温度和声音是否正常。

（2）事故后，检查其可疑部件。

（3）大雾天、大雪天、大风天及连绵雨天，应对母线及隔离开关进行详细检查，查看其温度、绝缘子放电及有无杂物等情况。

**6-70 隔离开关在运行中可能出现哪些异常?**

答:(1)接触部分过热。

(2)绝缘子破损、断裂,导线线夹有裂纹。

(3)支柱式绝缘子的胶部因质量不良和自然老化造成绝缘子掉盖。

(4)因严重污秽或过电压,出现闪络、放电、击穿接地现象。

**6-71 引起隔离开关触头发热的主要原因是什么?**

答:(1)合闸不到位,使电流通过的截面大大缩小,因而出现接触电阻增大,并产生很大的作用力,减少了弹簧的压力,使压缩弹簧或螺栓松弛,更使接触电阻增大而过热。

(2)因触头紧固件松动,刀片或刀嘴的弹簧锈蚀或过热,使弹簧压力降低;或操作时用力不当,使接触位置不正。这些情况均使触头压力降低,触头接触电阻增大而过热。

(3)刀口合得不严,使触头表面氧化、脏污;拉合过程中,触头被电弧烧伤,各联动部件磨损或变形等,均会使触头接触不良,接触电阻增大而过热。

(4)隔离开关过负荷,引起触头过热。

**6-72 简述单相隔离开关和跌落式熔断器的操作顺序。**

答:(1)水平排列时。停电拉闸应先拉中相,后拉两边相;送电合闸的操作顺序与此相反。

(2)垂直排列时。停电拉闸应从上到下依次拉开各相,送电合闸的操作顺序与此相反。

**6-73 操作隔离开关时拉不开怎么办?**

答:(1)用绝缘棒操作或用手动操动机构操作隔离开关发生拉不开的现象时,不应强行拉开,应注意检查绝缘子及机构的动作,防止绝缘子断裂。

(2)用电动操动机构操作隔离开关拉不开,应立即停止操作,检查电动机及连杆的位置。

(3)用液压机构操作时出现拉不开的现象,应检查液压泵是否有油或油是否凝结,如果油压降低不能操作,应断开油泵电源,改用手动操作。

（4）若由于隔离开关本身的传动机械故障而不能操作，应向当值调度员申请倒负荷后停电处理。

### 6-74 什么是电流互感器？

答：电流互感器是用来测量电网高电压下大电流的特殊变压器，它能将高电压下的大电流按规定比例转化为低电压下较小的电流，供给电流表、功率表、有功电能表和继电器的电流线圈。

### 6-75 电流互感器的作用是什么？

答：电流互感器的作用是把大电流按一定比例缩小，准确地反映高压侧电流量的变化，以解决高压下大电流测量的困难。同时，由于它可靠地隔离了高电压，保证了测量人员、仪表及保护装置的安全。

### 6-76 电流互感器二次电流是多少？

答：电流互感器二次侧的电流一般规定为5A或1A。

### 6-77 什么是电流互感器的同极性端子？

答：电流互感器的同极性端子指在一次绕组通入交流电流，二次绕组接入负载，在同一瞬间，一次电流流入的端子和二次电流流出的端子。

### 6-78 电流互感器二次侧有哪几种基本接线方式？

答：完全星形接线、不完全星形接线、三角形接线、开口三角形接线。

### 6-79 对运行中电流互感器的检查、维护项目有哪些？

答：（1）检查电流互感器有无过热现象，有无异常声响及焦臭味。

（2）电流互感器油位是否正常，有无渗、漏油现象；瓷质部分是否清洁、完整，有无破裂和放电现象。

（3）定期检验电流互感器的绝缘情况；对充油的电流互感器要定期放油，试验油质情况。

（4）检查电流表的三相指示值是否在允许范围内，不允许过负荷运行。

（5）检查二次侧接地线是否良好，有无松动及断裂现象；运行中的电流互感器二次侧不得开路。

**6-80 为何测量仪表、电能表与保护装置应使用不同次级线圈的电流互感器？**

答：电流互感器的测量级和保护级是分开的，以适应电气测量和继电保护的不同要求。

电气测量对电流互感器的准确度级要求高，且应尽量使仪表受短路电流的冲击小一些，因而在短路电流增大到某值时，使测量级铁芯饱和以限制二次电流的增长倍数。

保护级铁芯在短路时不应饱和，二次电流与一次电流成比例增长以适应保护灵敏度的要求。

**6-81 简述电流互感器不允许长时间过负荷的原因。**

答：电流互感器是利用电磁感应原理工作的，因此过负荷会使铁芯磁通密度达到饱和或过饱和，电流比误差增大，使表针指示不正确。由于磁通密度增大，铁芯和二次绕组过热，加快绝缘老化。

**6-82 电流互感器高压侧接头过热，应怎样处理？**

答：（1）若接头发热是由于表面氧化层使接触电阻增大引起的，则应把电流互感器接头处理干净，抹上导电膏。

（2）若接头接触不良，应旋紧接头，固定螺钉，使其接触处有足够的压力。

**6-83 简述电流互感器二次回路不能开路的原因。**

答：电流互感器在正常运行时，二次负荷电阻很小，二次电流产生的磁通势对一次电流产生的磁通势起去磁作用，互感器铁芯中的励磁电流很小，二次绕组的感应电动势不超过几十伏。

如果二次回路开路，一次电流产生的磁通势全部转化为励磁电流，引起铁芯内磁通密度增加，甚至饱和，这样会在二次绕组两端产生很高的电压（可达几千伏），可能损坏二次绕组的绝缘，并威胁工作人员的人身安全。

**6-84 简述电流互感器发出不正常声响的原因。**

**答：**电流互感器过负荷、二次侧开路，以及内部绝缘损坏发生放电等，均会造成异常声响。此外，由于半导体漆涂刷得不均匀形成的内部电晕和夹铁螺栓松动等也会使电流互感器产生较大声响。

**6-85 什么是电压互感器？**

**答：**电压互感器是用来测量电网高电压的特殊变压器，其工作原理、构造和接线方式都与变压器相同，只是容量较小。它能将高电压按规定比例转化为较低的电压后，供给电压表、功率表及有功电能表和继电器的电压线圈。

**6-86 简述电压互感器的用途。**

**答：**它的用途是把高压按一定比例缩小，使低压侧绕组能够准确地反映高压量值的变化，以解决高压测量的困难。同时，由于它可靠地隔离了高电压，保证了测量人员、仪表及保护装置的安全。

**6-87 电压互感器有哪几种接线方式？**

**答：**电压互感器的接线方式有 3 种，分别为 Yyd 接线，Yy 接线，以及 Vv 接线。

**6-88 电压互感器的二次电压是多少？**

**答：**电压互感器二次电压一般均规定为 100V。

**6-89 电压互感器的开口三角形为什么只反映零序电压？**

**答：**因为输出电压为三相电压的相量和三相的正序、负序电压相加等于零，所以其输出电压等于零。而三相零序电压相加等于一相零序电压的 3 倍，故开口三角形的输出电压中只有零序电压。

**6-90 简述电压互感器二次回路不能短路的原因。**

**答：**电压互感器是一个内阻很小的电压源，正常运行时，负荷阻抗极大，相当于处于开路状态，二次电流很小。

当二次侧短路或接地时，会产生很大的短路电流，烧坏电压互感器，所以二次侧均装有熔断器或自动开关用于短路时断开起到保护作用。但是，熔断器或自动开关断开后，会使保护测量回路失去电压，可能造成有电压元件的保护误动或拒动。零序绕组往往没有自动开关，如果在一次系统故障产生零序电压的同时，电压互感器零序回路短路，会造成更加严重的后果。

**6-91 简述电压互感器高压熔断器熔断的原因。**

**答：**（1）系统发生单相间歇电弧接地。

（2）系统发生铁磁谐振。

（3）电压互感器内部发生单相接地或层间、相间短路故障。

（4）电压互感器二次回路发生短路而所用的二次侧熔丝太粗而未熔断时，可能造成高压侧熔丝熔断。

**6-92 简述电压互感器高压熔断器不能用普通熔丝代替的原因。**

**答：**电压互感器高压熔断器熔丝采用石英砂填充等方法制成，具有较好的灭弧性能和较大的断流容量，同时具有限制短路电流的作用。而普通熔丝则不能满足断流容量的要求。

**6-93 简述电压互感器和电流互感器二次绕组仅有一点接地的原因。**

**答：**互感器二次回路一点接地属于保护性接地，防止一、二次绝缘损坏、击穿，以致高电压窜到二次侧，造成人身触电及设备损坏。

互感器两点接地会弄错极性、相位，造成互感器二次绕组短路而致烧损，影响保护仪表动作，所以互感器二次回路中只能有一点接地。

**6-94 电压互感器与电流互感器有什么区别？**

**答：**（1）电压互感器用于测量电压，电流互感器用于测量电流。

（2）电流互感器二次侧可以短路，但不能开路；电压互感器二次侧可以开路，但不能短路。

（3）相对于二次侧的负载来说，电压互感器的一次内阻抗较小，甚至可以忽略，可以认为电压互感器是一个电压源；而电流互感器的一次内阻很大，可以认为是一个内阻无穷大的电流源。

（4）电压互感器正常工作时的磁通密度接近饱和值，系统故障时，电压下降，磁通密度下降。电流互感器正常工作时，磁通密度很低。而系统发生短路时，一次电流增大，使磁通密度大大增加，有时甚至远远超过饱和值，会造成二次输出电流的误差增加。因此，尽量选用不易饱和的电流互感器。

### 6-95　互感器发生哪些情况必须立即停用？

**答：**（1）内部有严重放电声和异常声响。

（2）发生严重振动时。

（3）高压熔丝更换后再次熔断。

（4）冒烟、着火或有异味。

（5）引线、外壳或绕组、外壳之间有火花放电，危及设备安全。

（6）严重危及人身或设备安全。

（7）电压互感器发生严重漏油或喷油。

### 6-96　什么是 GIS？有何优点？

**答：**气体绝缘全封闭组合电器又称 GIS。GIS 由断路器、隔离开关、接地开关、互感器、避雷器、母线、连接件和出线终端等组成，这些设备或部件全部封闭在金属接地的外壳中，在其内部充有一定压力的 $SF_6$ 绝缘气体，故又称为 $SF_6$ 全封闭组合电器。

与常规敞开式变电站相比，GIS 的优点在于结构紧凑、占地面积小、可靠性高、配置灵活、安装方便、安全性强、环境适应能力强、维护工作量很小，其主要部件的维修间隔不低于 20 年。

### 6-97　进行 GIS 检修时应注意什么？

**答：**（1）G1S 检修时，首先回收 $SF_6$ 气体并抽真空，对其内部进行通风。

（2）工作人员应戴防毒面具和橡皮手套，将金属氟化物粉末集中起来装入钢制容器，并进行深埋处理，以防金属氟化物与人体接触中毒。

（3）GIS 检修时，严格注意其内部各带电导体表面是否有尖角毛刺，装配中是否电场均匀，是否符合厂家各项调整、装配尺寸的要求。

（4）GIS 检修时，还应做好各部分的密封检查与处理，瓷套应做超声波探伤检查。

**6-98 GIS 气体泄漏的监测方法有哪些？**

答：（1）SF$_6$ 泄漏报警仪。

（2）室内氧量仪报警。

（3）生物监测。

（4）密度继电器。

（5）压力表。

（6）年泄漏率法。

（7）独立气室压力检测法（确定微泄漏部位）。

（8）SF$_6$ 气体定性检漏仪。

（9）肥皂泡法。

**6-99 GIS 的 7 项试验项目包括什么？**

答：（1）测量主回路的直流电阻。

（2）主回路的交流耐压试验。

（3）密封性试验。

（4）测量 SF$_6$ 气体的含水量。

（5）GIS 内各元件的试验。

（6）GIS 的操动试验。

（7）对气体密度继电器、压力表和压力动作阀的检查。

**6-100 做 GIS 交流耐压试验时应特别注意什么？**

答：（1）规定的试验电压应施加在每一相导体和金属外壳之间，每次只能给一相加压，其他相导体和接地金属外壳相连接。

（2）当试验电源容量有限时，可将 GIS 用其内部的断路器或隔离开关分断成几个部分分别进行试验。同时，不试验的部分应接地，并保证断路器断口或隔离开关断口上承受的电压不超过允许值。

（3）GIS 内部的避雷器在进行耐压试验时，应与被试回路断开。GIS 内部的电压互感器、电流互感器的耐压试验应参照相应的试验标准执行。

### 6-101 电动机如何分类？

**答：**（1）电动机按电源可分为直流电动机和交流电动机。

（2）电动机按用途可分为驱动用电动机和控制用电动机。

（3）电动机按转速可分为低速电动机、高速电动机、恒速电动机和调整电动机。

（4）交流电动机按工作原理可分为异步电动机和同步电动机，按转子结构可分为鼠笼型电动机和绕线型电动机。

### 6-102 异步电动机中的"异步"指什么？

**答：**电动机的"异步"主要是针对转子转速和磁场转速关系而言的，即转子的转速不能和磁场的转速同步的意思。

### 6-103 电动机的日常检查项目有哪些？

**答：**（1）电动机有无异常声响。

（2）各部螺栓有无松动，温度是否正常。

（3）电流指示是否正常，有无过大摆动。

（4）转动正常，串动、振动不超过规定值。

（5）无冒烟及焦味。

（6）运行人员还要对运行电动机的电气装置进行检查。

### 6-104 关于电动机运行的规定有哪些？

**答：**（1）电动机发生进汽、进水或长期不投入运行、受潮等情况时，必须测定绝缘电阻，定子绕组对地绝缘电阻数值不得低于 $1M\Omega/kV$。

（2）对远方操作合闸的电动机，应由值班员进行外部检查后通知远方操作者，说明电动机已准备好，可以启动。启动结束后应检查电动机是否正常。

（3）备用中的电动机应定期检查和进行倒换试验，以保证其能随时启动。能互为备用的电动机应按规定时间轮换运行。

**6-105　发生哪些情况应立即将电动机停止运行?**

答：(1) 人身事故。

(2) 电动机冒烟起火或一相断线运行。

(3) 电动机内部有强烈的摩擦声。

(4) 直流电动机整流子发生严重环火。

(5) 电动机强烈振动，轴承温度迅速升高或超过允许值。

(6) 转速急剧下降，温度剧烈升高。

(7) 电动机受水淹。

**6-106　电动机合闸后不转或转速很慢应如何处理?**

答：(1) 立即将电动机停止运行，启动备用电动机。

(2) 检查是否断线、断相。

(3) 检查所带机械设备是否卡住或轴承是否损坏。

(4) 电动机定子接线是否正常。

**6-107　电动机在运行中突然变声应如何处理?**

答：(1) 检查电动机所带机械负荷是否正常，有无增减。

(2) 检查频率、电压是否正常。

(3) 检查熔丝是否熔断，开关是否有接触不良现象。

(4) 测定回路绝缘，检查回路是否断线等。

**6-108　电动机温度剧烈升高应如何处理?**

答：(1) 检查环境温度是否超过规定值。

(2) 检查三相电压、电流是否平衡，电流是否超过允许值。

(3) 检查熔断器、开关等是否正常运行。

**6-109　电动机振动大应如何处理?**

答：(1) 检查轴承有无异常声响及温度是否正常。

(2) 检查固定地角螺栓是否松动。

(3) 检查定子、转子间是否有摩擦。

(4) 检查三相电压、电流是否平衡。

(5) 振动若超过允许值，必要时进行停电处理。

143

**6-110  电动机着火应如何处理？**

答：（1）必须首先切断电源。

（2）迅速用二氧化碳灭火器进行灭火。

（3）使用干式灭火器时不应使粉末进入轴承内。

（4）禁止用沙子、水和泡沫灭火器灭火。

**6-111  均压环的作用是什么？**

答：均压环可以使绝缘子的电压分布趋于均匀，线路绝缘子均压环还可以起到引弧作用，保护伞裙不受伤害。

第七章

# 风电场运行的监视与巡视

**7-1 什么是风力发电机组的定期维护？**

答：严格按照制造厂家提供的维护日期表对风电机组进行预防性维护。

**7-2 风电场运行管理工作的主要任务是什么？**

答：风电场运行管理工作的主要任务就是提高设备可利用率和供电可靠性。

**7-3 什么是风力发电机组润滑油的特性？**

答：黏度是润滑油最主要的特性，它是形成润滑油膜的最主要的因素，同时也决定了润滑剂的负载能力。

**7-4 风力发电机组润滑油检验监督规定是什么？**

答：机组运抵现场后，从机组在车间进行的最后一次润滑油取样次日开始计算机组在现场存放的时间（只要机组没有运行，齿轮箱没有运转即视为现场存放），如该阶段大于 3 个月，则按照每 3 个月一次的时间间隔进行润滑油取样化验。若机组在现场的存放时间尚未到 3 个月就进入调试阶段，则在机组运行前 15 日进行"运行前润滑油取样化验"。

根据润滑油"一次运行化验"的结果及建议下次化验的时间，确定润滑油"二次运行化验"时间，正常情况为在一次运行化验后的 3 个月进行二次运行化验。

**7-5 风机机组 HD320 润滑油的用途是什么？**

答：HD320 润滑油主要用于齿轮箱部分，该部分的润滑方式为压力润滑，该润滑油在 40℃时，运动黏度为 320CST。

**7-6 偏航电机的监视参数是什么？**

答：偏航电机的额定工作电压是 380V AC、额定转速是 1350r/min、额定功率是 2.2kW。

**7-7 G52 风力发电机组监视运行的温度区间是多少？**

答：G52 机组运行最低温度是－30℃、最高温度是 45℃。

**7-8 G52 风力发电机组的生存风速是多少？**

答：G52 机组的生存风速是 50m/s。

**7-9 G52 风力发电机组齿轮箱故障时温度值是多少？**

答：G52 机组齿轮箱故障时温度值是 80℃。

**7-10 G52 风力发电机组液压油故障时的温度值是多少？**

答：G52 机组液压油故障时的温度值是 65℃。

**7-11 G52 机组油温监视运行的参数是多少？**

答：G52 机组在油温低于 10℃时机组必须进行加热，油温达到 55℃时第一组风扇运行，油温达到 60℃时两组风扇同时运行。

**7-12 G52 机组星接时的最大功率和角接时的最小功率是多少？**

答：G52 机组发电机星接时最大功率为 500kW，角接最小功率为 150kW。

**7-13 G52 机组偏航最大角度和最大偏航时间是多少？**

答：G52 机组偏航最大角度是 164°、最大偏航时间是 2h。

**7-14 G52 机组油滤最大压力和溢流阀的压力数值是多少？**

答：G52 机组油滤的最大压力是 5bar，溢流阀的压力是 13bar。

**7-15 G52 机组变桨蓄能器氮气压力、刹车压力、偏航压力各是多少？**

答：G52 机组变桨蓄能器氮气压力是 80bar，刹车压力是 10bar，偏航压力是 10bar。

**7-16 G52 机组紧急停机按钮的位置在哪里？**

答：G52 机组紧急停机按钮的位置位于底部控制柜、偏航段、顶部控制柜、主轴。

**7-17 SL1500 风力发电机组 crowbar（电路）的主要作用是什么？**

答：SL1500 风力发电机组 crowbar 的主要作用是保护变频器，当直流母排电压高于软件限值 1175DC、硬件限值 1200DC 时，crowbar 动作，切断网侧变频器接触器 K340.4 及定子接触器 K150.1，变频器菜单下 Err104（crowbar 触发）。

**7-18 风力发电机组运行监视的限值是多少？**

答：如果超过下述的任何一个限定值，必须立即停止工作，不得进行维护和检修工作。叶片位于工作位置和顺桨位置之间的任何位置：5min 平均值（平均风速）是 10m/s；5s 平均值（阵风速度）是 19m/s。叶片位于顺桨位置（当叶轮锁定装置启动时不允许变桨）：5min 平均值（平均风速）是 18m/s；5s 平均值（阵风速度）是 27m/s。

**7-19 SL1500 风力发电机组齿轮箱润滑油型号和低温型制动器液压油型号各是多少？**

答：SL1500 风力发电机组齿轮箱润滑油型号：Shell HD320。低温型制动器液压油型号：Shell Tellus T32。

**7-20 SL1500 风力发电机组风机采用的发电机形式是什么？**

答：SL1500 风力发电机组风机（WEC）是把旋转的机械能转换为电能。在风机中采用了双馈感应发电机的形式。发电机的定子直接连接到三相电源上，转子和变频器相连。它包括两个受控的隔离门级双极晶体管 IGBT 桥，且用一个直流电压连接。

**7-21 简述 SL1500 风力发电机组旋转原理。**

答：SL1500 风力发电机组四个偏航小齿轮与偏航大齿圈啮合并围绕着它旋转，从而带动整个机舱旋转。偏航齿圈间隙调整时，间隙要求在 0.7～1.3mm。

**7-22 什么是 SL1500 风力发电机组定子电压？**

答：SL1500 风力发电机组定子电压等于电网电压，转子电压

风电场运行知识 1000 问

与转差频率成正比，取决于定转子的匝数比。当发电机以同步转速转动时，转差率为 0，这就意味着转子的电压为 0。

### 7-23　SL1500 风力发电机组定期检查项目及标准是什么？

**答：**SL1500 风力发电机组为了使得偏航位置精确且无噪声，定期用塞尺检查啮合齿轮副的侧隙，要保证侧隙在 0.7～1.3mm。若不满足要求，则将主机架与驱动装置连接螺栓拆除，缓慢转动驱动电机，直到得到合适的间隙，然后将螺栓涂抹二硫化钼润滑后，以规定的力矩 390N·m 拧紧螺栓。

### 7-24　简述导致安全链中断的原因。

**答：**（1）转子超速达到额定转速的 1.25 倍。

（2）发电机轴承超速达到额定转速的 1.23 倍。

（3）振动导致应急停机按钮触发动作。

（4）转子停止。

（5）节距调节故障。

（6）PLC 计算机故障。

### 7-25　如何表示电池的各种状态？

**答：**电池的各种状态如下：

BatStaErr（2）：电池故障状态。

Err106：电池电压高或者没有连接。

Err115：电池电压低或者没有连接。

Err135：3 次电池检测失败，低电压。

Err157：不同负载的电池电压差太小。

Err167：在稳定或者慢充电时，电池电压低。

BatStaCha（3）：电池快速充电。

BatStaTes（4）：电池检测状态。

BatStaRef（5）：电池慢充状态。

### 7-26　简述 SL1500/70 风力发电机组齿轮箱的传动比和润滑方式。

**答：**SL1500/70 风力发电机组齿轮箱的传动比约为 90，齿轮箱的润滑方式为飞溅润滑。

**7-27 简述 SL1500/77 风力发电机组齿轮箱的传动比和润滑方式。**

**答**：SL1500/77 风力发电机组齿轮箱的传动比约为 104，齿轮箱的润滑方式为压力润滑。

**7-28 简述 SL1500 风力发电机组常见故障及处理方法。**

**答**：SL1500 风力发电机组无法运行，PLC 故障代码：24。变频器故障代码：105。故障原因：电网缺相。应检查 F104.3 是否损坏，经检测后变频器网压测量板处电压正常，控制面板显示值不正常，则需更换网侧变频器。

**7-29 齿轮箱油泵电机是双速电机时的参数各是多少？**

**答**：在低速工作时的转速为 720r/min，高速转速为 1445r/min。功率分别为 4kW 和 6kW。

**7-30 G52 机组叶片轴承的结构特点是什么？**

**答**：G52 机组叶片轴承的结构特点为 4 - 点球式轴承。

**7-31 简述 G52 机组的主要电压等级构成。**

**答**：G52 机组主要电压等级：690V、400V、230V、24V、5V。

**7-32 关于风电机组产品型号的组成部分主要有什么？**

**答**：风力发电机产品型号的组成部分主要有风轮直径和额定功率。

**7-33 UPS 系统的异常运行方式有哪些？**

**答**：直流运行：交流工作电源电压下降或输入隔离变压器、工作整流器故障时，直流电源经逆变器、输出隔离变压器、静态开关供给负载。

旁路运行：工作电源故障，而电池放电接近电压的下限或逆变器发生故障时自动转入旁路运行。当 UPS 进行检修时，采用由先合后断的方法转为手动维修旁路开关运行。

特殊运行方式经公司主管生产副总经理或总工批准后方可执行，紧急情况下可先倒换再汇报。

**7-34 什么是 UPS 系统的正常运行方式？**

**答**：主路运行：380V PC B 段 UPS 主电源开关 8C—UPS 主电

源输入开关—输入接触器—AC 电感器—输入隔离变压器—整流器—DC 电感器—逆变器—逆变器隔离变压器—静态开关—输出开关—负载。

旁路运行：380V PC A 段 UPS 旁路电源开关 4D—旁路电源开关—旁路静态开关—输出开关—负载。

维修旁路运行：380V PC A 段 UPS 旁路电源开关 4D—旁路维修开关—输出开关—负载。

正常运行时旁路电源开关在合位，维修旁路开关在断开位置。与蓄电池连接的电池开关在合位，与蓄电池保持浮充状态。

### 7-35  什么是通信直流系统的正常运行方式？

答：48V 直流两段母线独立运行。1 号充电柜带 48V 直流Ⅰ段母线及 1 号蓄电池组运行。2 号充电柜带 48V 直流Ⅱ段母线及 2 号蓄电池组运行。

### 7-36  什么是 380V 站用 PC 段正常运行方式？

答：1 号站用变压器 300 运行，10kV 备用站用变压器 10B 运行。1 号站用变压器 300 运行，低压侧 381 开关串带站用 PC A 段、B 段运行，母联 401 开关在合闸位置，10kV 备用变压器 10B 低压侧 380 开关冷备用。

### 7-37  什么是 220V 直流系统正常运行方式？

答：直流Ⅰ段母线和直流Ⅱ段母线分段运行，并分别给 1、2 号蓄电池组浮充。220V 直流Ⅰ、Ⅱ段母线联络开关在断开位置。1 号充电柜、1 号蓄电池组连接上Ⅰ段直流母线，2 号充电柜、2 号蓄电池组连接上Ⅱ段直流母线。1 号充电柜 1、2、3、4、5、6 号充电模块运行。2 号充电柜 1、2、3、4、5、6 号充电模块运行。直流Ⅰ段、Ⅱ段母线绝缘监测仪投入运行。

### 7-38  转子护环、中心环、阻尼绕组的作用各是什么？

答：因为转子旋转时，转子线圈端部受到很大的离心力作用，为防止对该部位的损害，采用了非磁性、高强度合金钢（Mn18Cr18）锻件加工而成的护环来保护转子线圈端部。护环分别装配在转子本体两端，与本体端热套配合，另一端热套在悬挂的中心环上。

中心环对护环起着与转轴同心的作用，当转子旋转时，轴的挠度不会使护环受到交变应力而损坏，中心环还有防止转子端部轴向位移的作用。

采用了半阻尼绕组是为减小由不平衡负荷产生的负序电流在转子上引起的发热，提高发电机承受不平衡负荷（负序电流和异步运行）的能力。在转子本体两端（护环下）和槽内设有全阻尼绕组。阻尼电流通路是由护环、槽楔、阻尼铜条形成的阻尼系统。

**7-39　SL1500 风力发电机组齿轮箱油温的保护限值是多少？**

答：SL1500 风力发电机组齿轮箱油温高于 75℃ 时，限制功率；高于 80℃时，则故障停机。

**7-40　SL1500 风电机组安全系统共采用多少级的安全链？**

答：SL1500 风电机组安全系统采用 12 级的安全链。

**7-41　风机运行的正常油压力在控制面板中显示数值是多少？**

答：风机运行的正常油压力在控制面板中显示数值应为低速 0.5bar，高速 2.0bar。

**7-42　690V 电缆对地、相间绝缘电阻测量的合格标准是什么？**

答：690V 电缆对地、相间绝缘电阻测量时打到 1000V DC 的挡位上，测量值保持在 1MΩ 以上，且保持 1min 为合格。

**7-43　SL1500 风力发电机组制动器泵启动压力、泵停止压力、溢流阀溢流压力各是多少？**

答：SL1500 风力发电机组制动器泵启动压力是 115bar，泵停止压力是 125bar，溢流阀溢流压力是 210bar。

**7-44　简述 SL1500 风力发电机组联轴器的性能参数及主要作用。**

答：SL1500 风力发电机组联轴器必须有大于等于 100MΩ 的阻抗，并且承受 2kV 的电压。这将防止寄生电流通过联轴器从发电机转子流向齿轮箱，这可能带给齿轮箱极大的危害。

### 7-45 SL1500 风力发电机组控制面板上主菜单 main 下的 WinSpe 和 SpeCon 分别代表什么？

**答：** SL1500 风力发电机组控制面板上主菜单 main 下的 Win-Spe 和 SpeCon 分别代表每秒钟平均风速和发电机转速。

### 7-46 SL1500 风力发电机组叶片与轮毂连接力矩值是多少？

**答：** SL1500 风力发电机组叶片与轮毂连接力矩值 70 叶片约为 1100N·m，77 叶片为 1250N·m。

### 7-47 天元发电机和永济发电机的开口电压各为多少？

**答：** 天元发电机开口电压为 2100V，永济发电机的开口电压为 2018V。

### 7-48 什么是 TURCK M522-Ri？如何正确设置？

**答：** TURCK M522-Ri 叫作超速继电器。如果设置错误则会出现（集电环编码器与发电机编码器测量速度差大）故障代码 151。它的正确设置应为 1000MHz 4，6，90，0.5。

### 7-49 机舱旋转方向的控制逻辑是什么？

**答：** 机舱可以两个方向旋转，旋转方向由接近开关进行检测。当机舱向同一个方向偏航的圈数达到±700°时，限位开关将信号传到控制装置后，控制机组快速停机，并反转解缆。

### 7-50 简述风机无法运行的 PLC 故障代码及处理方法。

**答：** 风机无法运行的 PLC 故障代码：24；变频器故障代码：125；控制面板中 GscCur（故障电流）的值为 350A 或 700A，此时需要更换机侧变频器，正常值应为 20A。

### 7-51 什么是电气一次系统？常用一次设备有哪些？

**答：** 电气一次系统是承担电能输送和电能分配任务的高压系统，一次系统中的电气设备称为一次电气设备。

常用一次设备包括发电机、变压器、电感器、输电线、电力断路器、隔离开关、母线、避雷器、电流互感器、电压互感器等。

### 7-52 什么是一次系统主接线？对其有哪些要求？

**答：** 一次系统主接线是由发电厂和变电站内的电气一次设备

及其连线所组成的输送和分配电能的连接系统。

对一次系统主接线有 5 点要求，分别是运行的可靠性，运行检修的灵活性，运行操作的方便性，运行的经济性，扩建的可能性。

### 7-53　什么是一次系统主接线图？

答：一次系统接线图又名主接线图。它用来表示电力输送与分配路线的情况。图上表明了多个电气装置和主要元件的连接顺序。一般主接线图都绘制成单线图，因为单线图看起来比较清晰、简单明了。

### 7-54　U、V、W 三相应用什么颜色表示？

答：U、V、W 三相依次用黄、绿、红表示。

### 7-55　频率过低有何危害？

答：（1）频率的变化将引起电动机转速的变化，从而影响产品质量。

（2）变压器铁耗和励磁电流都将增加，引起升温，降低其负荷。

（3）系统中的无功负荷会增加，电压水平下降。

（4）雷达、电子计算机等会因频率过低而无法运行。

### 7-56　功率因数过低是什么原因造成的？

答：功率因数过低是系统中感性负载过多造成的。

### 7-57　电力系统的中性点运行方式有哪些？不同运行方式的影响有哪些？

答：电力系统的中性点是指三相系统作星形连接的发电机和变压器的中性点。电力系统常见的中性点运行方式（即接地方式）可分为两个类型：中性点非有效接地方式（或称小接地电流系统）和中性点有效接地方式（或称大接地电流系统）。其中非有效接地又包括中性点不接地、经消弧线圈接地和经高阻抗接地；而有效接地又包括中性点直接接地和经低阻抗接地。

中性点采用不同的接地方式，对电力系统的供电可靠性、设备绝缘水平、对通信系统的干扰、继电保护的动作特性等问题都有着直接的影响。

### 7-58 中性点不接地三相系统有何特点？

**答：**（1）在中性点不接地系统中，发生单相接地故障时，由于线电压不变，用户可继续工作，提高了供电的可靠性。

（2）由于非故障相对地电压可升高到线电压，所以在中性点不接地系统中，电气设备和输电线路的对地绝缘必须按线电压考虑，从而增加了投资。

（3）需增设绝缘监察装置。

（4）适用于线路不长、电压不高、单相接地电流不大的设备及系统。

### 7-59 中性点直接接地的三相系统有何特点？

**答：**（1）该运行方式的主要优点：发生单相接地短路时，中性点的电位近似等于零，非故障相的对地电压接近于相电压，系统中电气设备和输电线路的对地绝缘按承受相电压设计，绝缘上的投资不会增加。

（2）中性点直接接地系统的缺点：

1）发生单相短路时立即断开故障线路，中断对用户的供电，降低了供电的可靠性。增设自动重合闸装置可以满足供电可靠性的要求。

2）单相接地短路时的短路电流很大，必须选用较大容量的开关设备。单相接地时导致电网电压剧烈下降可能导致系统的稳定性破坏。为了限制单相短路电流，通常只将系统中一部分变压器的中性点直接接地或经低阻抗接地。

（3）较大的单相短路电流会对附近的通信线路产生电磁干扰。

### 7-60 中性点经高阻抗接地有何作用？

**答：**对于发电机-变压器组单元接线的单机容量在 200MW 以上的发电机，当接地电流超过允许值时，常常采用中性点经电压互感器或接地变压器的一次绕组接地的方式，电阻接在电压互感器或变压器的二次侧。此种接线方式可改变接地电流的相位，可加速泄放回路的残余电荷，促使接地电弧的熄灭，限制间歇电弧过电压。同时可以提供零序电压，便于实现发电机定子绕组的100％接地保护。

**7-61 什么是保护接地，什么是保护接零？**

答：为了保证电力系统在正常及故障情况下的安全运行，通常发电厂变电站中设置可靠的接地点，以保证设备和人员的安全。所谓接地，就是将电气装置中必须接地的部分与大地作良好的连接，接地分为保护接地（安全接地）及工作接地两种。

其中，为了保证人身安全，将正常工作时不带电，而由于绝缘损坏可能带电的金属构件或电气设备外壳进行的接地，称为保护接地，如电动机的外壳接地；而为了保证电力系统在正常运行及故障情况下，能够可靠工作的接地是工作接地，如变压器的中性点接地。

在中性点直接接地的380/220V三相四线制低压系统中，目前广泛采用保护接零。在中性点直接接地的低压配电网中，星形连接的电源中性点与大地有良好的连接，即为"零"，从零点引出的金属导线称为中性线，或称接地中性线，用 N 表示。将电气设备平时不带电的外露可导电部分与中性线作良好的连接，称为保护接零。保护接零分为 TN-C 系统、TN-S 系统和 TN-C-S 系统三种形式。

**7-62 什么是交流电的谐振？**

答：用一定的连接方式将交流电源、电感线圈与电容器组合起来，在一定的条件下，电路有可能发生电能与磁能相互交换的现象，此时，外施交流电源仅提供电阻上的能量消耗，不再与电感线圈或电容器发生能量转换，这种现象就是电路发生了谐振。谐振包括串联谐振和并联谐振。

**7-63 什么是过渡过程？为何会产生过渡过程？**

答：过渡过程是一个暂态过程，是从一种稳定状态转换到另一种稳定状态所要经过一段时间的过程。

产生过渡过程的原因是由于储能元件的存在。储能元件如电感和电容，它们在电路中的能量不能跃变，即电感的电流和电容的电压在变化过程中不能突变。所以说，电路中的一种稳定状态过渡到另一种状态要有一个过程。

### 7-64 功率因数过低有何危害？

**答：**（1）发电机的容量即是它的视在功率，如果发电机在额定容量下运行，输出的有功功率的大小取决于负载的功率因数。功率因数越低，发电机输出的功率越低，其容量得不到充分利用。

（2）功率因数低，在输电线路上引起较大的电压降和功率损耗，严重时，影响设备的正常运行，用户无法用电。

（3）阻抗上消耗的功率与电流的平方成正比，电流增大引起线耗增加。

### 7-65 电力谐波的危害有哪些？

**答：**（1）引起串联谐振及并联谐振，放大谐波，造成危险的过电压或过电流。

（2）产生谐波损耗，使发电、变电、用电设备的效率降低。

（3）加速电气设备绝缘老化，使其容易击穿，从而缩短它们的使用寿命。

（4）使设备（如电机、继电保护装置、自动装置、测量仪表、计算机系统、精密仪器等）运转不正常或不能正确操作。

（5）干扰通信系统，降低信号的传输质量，破坏信号的正确传递，甚至损坏通信设备。

### 7-66 各电压等级允许的波动范围是多少？

**答：**（1）220kV 电压等级允许在额定值的 ±2% 范围内波动。

（2）110kV 电压等级允许在额定值的 ±2% 范围内波动。

（3）35kV 电压等级允许在额定值的 ±5% 范围内波动。

（4）10kV 及以下电压等级允许在额定值的 ±7% 范围内波动。

（5）0.4kV 电压等级允许在 -5%~10% 的范围内波动。

### 7-67 电压过高有何危害？

**答：**当运行电压高于额定电压时，会造成设备因过电压而被烧毁，有的虽未造成事故，但也影响电气设备的使用寿命。

#### 7-68　电压过低有何危害？

答：（1）当运行电压低于额定电压时，因为需要输送同样的功率，电流必然增大，所以线路及变压器的损耗都要相应的增加，使设备不能得到充分的利用，输送能力降低。

（2）使用电设备（如白炽灯、日光灯）的照度降低，若电压过低，日光灯甚至不亮。

（3）电动机的输出功率降低，电流增加，温度升高。

#### 7-69　电力系统过电压分几类？

答：电力系统过电压分为外部过电压和内部过电压。外部过电压即大气过电压，由雷击引起；内部过电压分为工频过电压、操作过电压、谐振过电压。

#### 7-70　简述过电压保护器的用途。

答：过电压保护器是限制雷电过电压和操作过电压的一种先进的保护电器，可限制相间和相对地过电压，主要用于保护发电机、变压器、真空断路器、母线、架空线路、电容器、电动机等电气设备的绝缘免受过电压的损害。

#### 7-71　哪种故障易引起过电压保护器的损坏？

答：在系统发生间歇性弧光接地过电压或铁磁谐振过电压时，有可能导致过电压保护器的损坏。

#### 7-72　过电压保护器有何结构特征？

答：（1）无间隙过电压保护器：功能部分为非线性氧化锌电阻片。

（2）串联间隙过电压保护器：功能部分为串联间隙及氧化锌电阻片。

#### 7-73　过电压保护器有何特点？

答：（1）优异的保护特性：通过保护器引流环与导线之间形成的串联间隙和限流元件的协同作用，能在瞬间有效地截断工频续流，避免导线发生雷击断线事故。

（2）工频耐受能力强，陡波特性好，通流容量大，保护曲线平坦，可有效减少因雷击造成的线路断路器跳闸。

（3）独有的界面偶联技术和硅橡胶外套整体一次成型工艺，确保产品可靠密封、安全防爆。

（4）硅橡胶外套耐气候老化、耐电蚀损、耐污秽。

（5）运行安全可靠，免维护。即使因异常情况保护器损坏，因有串联间隙的隔离作用，也不会影响线路的绝缘配合水平，确保电力系统的运行安全。

### 7-74　电气设备放电有哪几种形式？

**答：** 电气设备放电按是否贯通两极间的全部绝缘，可以分为局部放电、击穿放电。击穿包括火花放电和电弧放电。

电气设备放电按成因可分为电击穿、热击穿、化学击穿。

电气设备放电按放电特征可分为辉光放电、沿面放电、爬电、闪络等。

### 7-75　什么是非全相运行？

**答：** 非全相运行是三相机构分相合、跳闸过程中，由于某种原因造成一相或两相断路器未合好或未跳开，致使三相电流严重不平衡的一种故障现象。

### 7-76　断路器引发非全相运行的原因有哪些？

**答：**（1）电气方面的故障，主要有操作回路的故障；二次回路绝缘不良；转换触点接触不良，压力不够变位等使分合闸回路不通；断路器密度继电器闭锁操作回路等。

（2）机械部分的故障，主要是断路器操动机构失灵、传动部分故障和断路器本体传动连接断裂的故障。其中，操动机构方面主要有机构脱扣、铁芯卡死、行程不够等。对于液压机构，还可能是液压机构压力低于规定值，导致分合闸闭锁；机构分合闸阀系统有故障；分闸一级阀和逆止阀处有故障；油、气管配置不恰当。特别是每相独立操作时，机构更易发生失灵。

### 7-77　简述断路器发生非全相运行的危害。

**答：** 断路器合闸不同期，系统在短时间内处于非全相运行状态，由于中性点电压漂移，产生零序电流，将降低保护的灵敏度。

由于过电压可能引起中性点避雷器爆炸。而分闸不同期将延长断路器的燃弧时间，使灭弧室压力增高，加重断路器负担，甚至引起爆炸。所以，应将非同期运行时间尽量缩短。

**7-78 非全相运行时应如何处理？**

**答：**运行人员应根据位置指示灯、表计指示值的变化，先查明是继电保护的原因，还是断路器操动机构本身的原因，再判断是电气回路元件的故障，还是机械性的故障。

（1）分闸时的处理方法：

1）断路器单相自动掉闸造成两相运行时，如果断相保护启动的重合闸没动作，可立即指令现场手动合闸一次，若合闸不成功，则应断开其余两相断路器。

2）如果断路器是两相断开，应立即切断控制电源，手动操作断路器分闸。

3）如果非全相断路器采取以上措施无法拉开或合入时，则马上将线路对侧断路器拉开，然后到开关机构箱就地断开断路器。

4）可以用旁路开关与非全相断路器并联，用刀式动触点解开非全相断路器或用母联断路器串联非全相断路器切断非全相电流。

5）母联断路器非全相运行时，应立即降低母联断路器的电流，倒为单母线方式运行，必要时应将一条母线停电。

（2）合闸时的处理方法。如果只合上一相或两相，应立即将断路器拉开，重新合闸一次，目的是检查上一次拒合闸是否因操作不当引起的。操作后，若三相断路器均合闸良好，应立即停用非全相保护以防误动跳闸；若仍不正常，此时应拉开断路器，切断控制电源，检查断路器的位置中间继电器是否卡滞，触点是否接触不良，断路器辅助测点的转换是否正常。

**7-79 继电保护的主要用途是什么？**

**答：**（1）当电力系统中发生足以损坏设备或危及电网安全运行的故障时，继电保护使故障设备迅速脱离电网，以恢复电力系统的正常运行。

（2）当电力系统出现异常状态时，继电保护能及时发出警报信号，以便运行人员迅速处理，使之恢复正常。

**7-80 构成继电保护装置的基本原理是什么？**

答：电力系统发生故障时，其基本特点是电流突增，电压突降，以及电流与电压间相位角发生变化，通过反映这些基本特点，就能构成各种不同原理的继电保护装置。

**7-81 继电保护快速切除故障对电力系统有哪些好处？**

答：（1）提高电力系统的稳定性。

（2）电压恢复快，电动机容量自启动并迅速恢复正常，从而减少对用户的影响。

（3）降低电气设备的损坏程度，防止故障进一步扩大。

（4）短路点易于去游离，提高重合闸的成功率。

**7-82 怎样才能提高继电保护装置的可靠性？**

答：（1）正确选择保护方案，使保护接线简单、合理，采用的继电器及串联触点应尽量少。

（2）加强经常性维护和管理，使保护装置随时处于完好状态。

（3）提高保护装置安装和调试的质量，采用高质量、动作可靠的继电器和元件。

**7-83 在大接地电流系统中，为什么相间保护动作的时限比零序保护动作的时限长？**

答：保护的动作时限一般是按阶梯性原则整定的。相间保护的动作时限是由用户到电源方向每级保护递增一个时差构成的。而对于零序保护，由于降压变压器大都是Yd接线，当低压侧接地短路时，高压侧无零序电流，其动作时限不需要与变压器低压侧用户相配合。所以零序保护的动作时限比相间保护的时限短。

**7-84 何为继电器失灵保护？**

答：当系统发生故障时故障元件的保护动作因其断路器操作机构失灵拒绝跳闸时，通过故障元件的保护，作用于同一变电站相邻元件的断路器使之跳闸的保护方式，称为断路器失灵保护。

**7-85 何为高频保护，它有什么优点？**

**答：** 高频保护包括相差高频保护和功率方向闭锁高频保护。相差高频保护是测量和比较被保护线路两侧电流量的相位，是采用输电线路载波通信方式传递两侧电流相位的。

功率方向闭锁高频保护是比较被保护线路两侧功率的方向，规定功率方向由母线指向某线路为正，指向母线为负，线路内部故障，两侧功率方向都由母线指向线路，保护动作跳闸且信号传递方式相同。

最大优点：是无时限地从被保护线路两侧切除各种故障；不需要和相邻线路保护配合；相差高频保护不受系统振荡影响。

**7-86 何为主保护？**

**答：** 是指发生短路故障时，能满足系统稳定及设备安全的基本要求，首先动作于跳闸，有选择地切除被保护设备和全线路故障的保护。

**7-87 何为后备保护？**

**答：** 是指主保护或断路器拒动时，用以切除故障的保护。

**7-88 何为辅助保护？**

**答：** 是为补充主保护和后备保护的不足而增设的简单保护。

**7-89 哪些回路属于连接保护装置的二次回路？**

**答：**（1）从电流互感器和电压互感器二次端子开始到有关继电保护装置的二次回路。

（2）从继电保护直流熔丝开始到有关保护装置的二次回路。

（3）从继电保护装置到控制屏和中央信号屏的直流回路。

（4）从继电保护装置出口端子排到断路器操作箱端子的跳、合闸回路。

**7-90 为什么电流互感器和电压互感器要标注极性？**

**答：** 电流互感器和电压互感器的二次引出端如果接反，二次电流或电压的相位就会发生 $180°$ 的变化，继电保护装置特性或测量仪表的显示将会随之改变。为了保证继电保护装置的性能和仪器仪表的准确，电流互感器和电压互感器必须标注明确的极性。

通常采用减极性的标注原则：当从一次侧极性端流入电流时，二次侧感应的电流方向是从极性端流出。

### 7-91　电流互感器二次额定电流为 1A 和 5A 有何区别？

**答：**采用 1A 的电流互感器比采用 5A 的电流互感器匝数大 5 倍，二次绕组匝数大 5 倍，且具有开路电压高，内阻大，励磁电流小的特点。但采用 1A 的电流互感器可大幅度降低电缆中的有功损耗，在相同条件下，可增加电流回路电缆的长度。在相同的电缆长度和截面时，功耗减小 25 倍，因此电缆截面可以减小。

### 7-92　为什么电压互感器和电流互感器只能有一点接地？

**答：**一个变电站的接地网并不是一个等电位面，其在不同点间会出现电位差。当大的接地电流注入接地网时，各点的电位差增大。如果一个电回路在不同的地点接地，地电位差将不可避免地进入这个电回路，造成测量的不准确。严重时，会导致保护误动。

### 7-93　何为电压互感器的反充电？

**答：**通过电压互感器二次侧向不带电的母线充电称为反充电。因电压互感器变比较大，即使互感器一次开路，二次侧反映的阻抗依然很小，这样，反充电的电流很大，会造成运行中的电压互感器二次熔断器熔断，使保护装置失压。因此，一定要防止运行中电压互感器的反充电现象。

### 7-94　什么是变压器的接线组别？

**答：**变压器的接线组别是变压器的一次侧、二次侧绕组按一定接线方式连接时，一次侧、二次侧的电压或电流的相位关系。变压器接线组别是用时钟的表示方法去说明一次侧、二次侧线电压（或线电流）的相量关系。

### 7-95　常用的电力变压器保护有哪些？

**答：**（1）瓦斯保护。

（2）纵差保护。

（3）相间过电流保护。

（4）阻抗保护。

（5）零序电流保护和零序电流方向保护。

（6）过负荷保护。

（7）过励磁保护。

### 7-96　为什么差动保护不能代替瓦斯保护？

**答：**瓦斯保护能在变压器油箱内的任何故障时发生反应，如铁芯过热烧伤、油面降低，但差动保护对此无反应。另外，在变压器绕组发生少数匝间短路时，虽然短路电流很大，会造成局部过热，产生强烈的油流，但差动电流却不是很大，差动保护没有反应，而瓦斯保护对此能灵敏反应。因此差动保护不能代替瓦斯保护。

### 7-97　何为复合电压闭锁过电流保护？

**答：**复合电压过电流保护是由一个负序电压继电器和一个接在相间电压上的低电压继电器共同组成的电压复合元件，用于闭锁过电流保护。当负序电压继电器或低电压继电器动作，同时过电流继电器也动作，整套装置启动出口跳闸。

### 7-98　何为变压器的过励磁保护？

**答：**变压器的工作磁密 $B$ 与电压、频率的关系：$B=KU/f$，$K$ 为系数。当 $U/f$ 增加时，工作磁密 $B$ 增加，变压器的励磁电流增加，特别是在铁芯饱和后，励磁电流急剧增大，造成变压器过励磁，铁芯损耗增加，铁芯温度升高，影响了变压器的安全运行。因此，大型变压器应装设反应 $U/f$ 的过励磁保护。

### 7-99　为什么设置母线充电保护？

**答：**母线差动保护应保证在一组或某一段母线合闸充电时，快速有选择地断开有故障的母线。为了更可靠地切除被充电母线上的故障，提高系统的稳定性，在母联断路器或分段断路器上设置相电流或零序电流保护，作为母线充电保护。母线充电保护接线简单，动作灵敏度高，只在充电保护时投入，充电良好后，及时退出运行。

**7-100　何为快速切换？**

**答**：在厂用电切换过程中，既能保证电动机安全，又不使电动机转速下降太多，即快速切换，快速切换时间应小于0.2s。

**7-101　快切装置的去耦合功能有哪些？**

**答**：快切装置切换过程中若发现一定时间内该跳的开关未跳开或该合的开关未合上，装置将根据不同的切换方式分别处理并给出位置异常闭锁信号。如，同时切换或并联切换中，若该跳的开关未跳开，将造成两电源并列，此时装置将执行去耦合功能，跳开刚合上的开关。

**7-102　简述厂用段快切装置各开关按要求投入后正常切换和事故切换的过程。**

**答**：（1）正常切换：检查同时切换方式，手动启动，先发跳工作（备用）电源进线开关指令，在切换条件满足时，发合备用（工作）电源进线开关指令，复归装置。

（2）事故串联切换：保护启动，工作电源开关先跳闸，确认工作电源开关已跳开且满足切换条件，合上备用电源开关。打印报告后，复归装置。

**7-103　何为快切装置的并联切换？**

**答**：先合上备用电源，两电源短时并联，再跳开工作电源，这种方式多用于正常切换。

**7-104　何为快切装置的串联切换？**

**答**：先跳开工作电源，再合上备用电源。母线短时断电时间至少为备用开关合闸时间。这种方式多用于事故切换。

**7-105　发电机为什么要装设逆功率保护？**

**答**：是用于保护汽轮机，当主汽门误关闭，或机组保护动作于关闭主汽门，而出口断路器未跳闸时，发电机将变为电动机运行，从系统中吸收有功功率。此时由于鼓风损失，汽轮机尾部叶片有可能过热，造成汽轮机损坏。

**7-106 简述母线差动保护的基本原理。**

答：母线差动保护基本原理通俗讲，就是按收、支平衡的原理进行判断和动作。因为母线上只有进出线路，在正常运行情况下，进出电流的大小相等，相位相同。如果母线发生故障，这一平衡就会破坏。有的保护采用比较电流是否平衡，有的保护采用比较电流相位是否一致，有的二者兼有。一旦判别为母线故障，立即启动保护动作元件，跳开母线上的所有断路器。如果是双母线并列运行，有的保护会有选择地跳开母联开关和有故障母线的所有进出线路断路器，以缩小停电范围。

**7-107 简述光纤差动保护的原理。**

答：光纤差动保护的原理和一般的纵联差动保护原理基本上是一样的，都是保护装置通过计算三相电流的变化，判断三相电流的向量和是否为零来确定是否动作，当接在 TA（电流互感器）的二次侧的电流继电器（包括零序电流）中有电流流过达到保护动作整定值时，保护就动作，跳开故障线路的开关。即使是微机保护装置，其原理也是这样的。但是，光纤差动保护采用分相电流差动元件作为快速主保护，并采用 PCM 光纤或光缆作为通道，使其动作速度更快，因而是短线路的主保护。

**7-108 变压器零序保护的保护范围是什么？**

答：变压器零序保护用来反映变压器中性点直接接地系统侧绕组的内部及其引出线上的接地短路，也可作为相应母线和线路接地的后备保护。

**7-109 何为断路器失灵保护？**

答：失灵保护又称后备接线保护。该保护装置主要考虑由于各种因素使故障元件的保护装置动作，而断路器拒绝动作（上一级保护灵敏度又不够），将有选择地使失灵断路器所连接母线的断路器同时断开，防止因事故范围扩大使系统的稳定运行遭到破坏，保证电网安全。这种保护装置叫断路器失灵保护。

**7-110 何为近后备保护，近后备保护的优点是什么？**

答：近后备保护就是在同一电气元件上装设 A、B 两套保护，当保护 A 拒绝动作时，由保护 B 动作于跳闸；当断路器拒绝动作时，保护动作后带一定时限作用于该母线上所连接的各路电源的断路器跳闸。

近后备保护的优点是能可靠地起到后备作用，动作迅速，在结构复杂电网中能够实现有选择性的后备作用。

### 7-111　何为电流速断保护，它有什么特点？

答：按躲过被保护元件外部短路时流过本保护的最大短路电流进行整定，以保证它被保护元件外部短路时流过本保护的最大短路电流进行整定，以保证它有选择性地动作的无时限电流保护，称为电流速断保护。

它的特点是接线简单，动作可靠，切除故障快，但不能保护线路全长。保护范围受系统运行方式变化的影响较大。

### 7-112　何为限时电流速断保护，它有什么特点？

答：按与下一元件电流速断保护相配合以获得选择性的带校时限的电流保护，称为限时电流速断保护。

其特点是接线简单，动作可靠，切除故障较快，可以保护线路的全长，其保护范围受系统运行方式变化的影响。

### 7-113　何为定时限过电流保护？

答：为了实现过电流保护的动作选择性，各保护的动作时间一般按阶梯原则进行整定。即相邻保护的动作时间自负荷向电源方向逐级增大，且每套保护的动作时间是恒定不变的，与短路电流的大小无关。具有这种动作时限特性的过电流保护称为定时限过电流保护。

### 7-114　何为反时限过电流保护？

答：反时限过电流保护是指动作时间随短路电流增大而自动减小的保护。使用在输电线路上的反时限过电流保护，能更快地切除被保护线路首端的故障。

### 7-115　瓦斯保护的反事故措施要求是什么？

答：（1）将气体继电器的下浮筒改挡板式，触点改为立式，以提高重瓦斯动作的可靠性。

（2）为防止气体继电器因漏水短路，应在其端部和电缆引线端子箱上采取防雨措施。

（3）气体继电器的引出线应采用防油线。

（4）气体继电器的引出线和电缆线应分别连接在电缆引线端子箱内的端子上。

**7-116 在高压电网中，高频保护的作用是什么？**

答：高频保护在远距离高压输电线路上，对被保护线路上任一点各类故障均能瞬时由两侧切除，从而能提高电力系统的稳定性和重合闸的成功率。

**7-117 零序保护有什么特点？**

答：（1）系统正常运行和发生相间短路时，不会出现零序电流和零序电压，因此零序保护的动作电流可以整定到很小，灵敏度相对较高。

（2）Yd接线的降压变压器，三角形侧的故障，不会在星形侧反映出零序电流，因而，在分段整定的保护中，零序保护要求配合的接线段较少，动作时间较短。

**7-118 变压器接地保护的方式有哪些？各有何作用？**

答：中性点直接接地变压器一般设有零序电流保护，主要作为母线接地故障的后备保护，并尽可能起到变压器和线路接地故障的后备保护作用。中性点不接地变压器一般设有零序电压保护和与中性点放电间隙配合使用的放电间隙零序电流保护，作为接地故障时变压器一次过电压保护的后备措施。

**7-119 何为高频保护的通道余量？**

答：当区外故障时，线路任一侧的收信机必须准确接收对侧发信机送来的高频信号，为此发信机发出的高频信号必须能够补偿通道中的衰耗，并且应有一定的余量，以保证收信机可靠工作，此余量称为通道余量。

**7-120 何为重合闸前加速保护？**

答：重合闸前加速保护仅在靠近电源的线路上装设一套重合

闸装置，当线路任一段发生故障时，由靠近电源的线路保护迅速跳闸，而后重合闸装置动作于合闸，若重合于永久故障，再由各线路保护逐段配合跳开故障线路。重合闸前加速保护切除故障速度快，但若重合闸拒动时，会扩大停电范围。

### 7-121  何为重合闸后加速？

**答：** 当被保护线路发生故障时，保护装置有选择地将故障线路切除，与此同时重合闸动作，重合一次。若重合于永久性故障时，保护装置立即以不带时限、无选择地动作再次断开断路器。这种保护装置叫作重合闸后加速，一般多加一块中间继电器即可实现。

### 7-122  在什么情况下将断路器的重合闸退出运行？

**答：**（1）断路器的遮断容量小于母线短路容量时，重合闸退出运行。

（2）断路器故障跳闸次数超过规定，或虽未超过规定，但断路器严重喷油、冒烟等，经调度同意后应将重合闸退出运行。

（3）线路有带电作业，当值班调度员命令将重合闸退出运行。

（4）重合闸装置失灵，经调度同意后应将重合闸退出运行。

### 7-123  发电机励磁回路为什么要装设一点接地和两点接地保护？

**答：** 发电机励磁回路一点接地虽不会形成故障电流通路，从而给发电机造成直接危害，但要考虑第二点接地的可能性，所以由一点接地保护发出信号，以便加强检查、监视。

当发电机励磁回路发生两点接地故障时，由于故障点流过相当大的故障电流而烧伤发电机转子本体，由于部分绕组被短路，励磁绕组中电流增加，可能因过热而烧伤，由于部分绕组被短路，使气隙磁通失去平衡，从而引起机组振动。所以在一点接地后要投入两点接地保护，以便发生两点接地时经延时后动作停机。

### 7-124  简述发电机100％定子接地保护的原理。

**答：** 100％定子绕组的接地保护由两部分组成。一部分是由接在发电机出线端的电压互感器的开口三角线圈侧，反应零序电压而动作的保护。它可以保护85％～90％的定子绕组。第二部分是利用比较发电机中性点和出线端的 3 次谐波电压绝对值大小而构成的保护。正常运行时，发电机中性点的 3 次谐波电压比发电机出线端的 3 次谐波电压大，而在发电机内部定子接地故障时，出线端的 3 次谐波电压比中性点的 3 次谐波电压大。发电机出口的 3 次谐波电压作为动作量，而中性点的 3 次谐波电压作为制动量。当发电机出口 3 次谐波电压大于中性点 3 次谐波电压时，继电器动作发出接地信号或跳闸。

**7-125 短路和振荡的主要区别是什么？**

答：（1）振荡过程中，由并列运行发电机电势间相角差所决定的电气量是平滑变化的，而短路时的电气量是突变的。

（2）振荡过程中，电网上任一点的电压之间的角度随着系统电势间相角差的不同而改变，而短路时电流和电压之间的角度基本上是不变的。

（3）振荡过程中，系统是对称的，故电气量中只有正序分量，而短路时各电气量中不可避免地将出现负序和零序分量。

**7-126 大容量的电动机为什么应装设纵联差动保护？**

答：电动机电流速断保护的动作电流是按躲过电动机的启动电流来整定的，而电动机的启动电流比额定电流大得多，这就必然降低了保护的灵敏度，因而对电动机定子绕组的保护范围小。因此，大容量的电动机应装设纵联差动保护，来弥补电流速断保护的不足。

**7-127 定时限过电流保护的整定原则是什么？**

答：定时限过电流保护的整定原则：动作电流必须大于负荷电流，在最大负荷电流时保护装置不动作，当下一级线路发生外部短路时，如果本级电流继电器已动作，则在下级保护切除故障电流之后，本级保护应能可靠地返回。

**7-128 在小接地电流系统中，为什么 Yd11 接线变压器的纵差保护，Y 侧电流互感器的二次绕组可以接成三角形，也可以接成星形？**

答：小接地电流系统中变压器中性点经消弧线圈接地，在变压器差动保护外发生单相接地故障时，流经差动保护电流互感器的电流，最大只为该系统的电容电流，其数值很小，不足以使差动继电器动作，故 Y 侧电流互感器二次绕组接成星形或三角形均可，只要能满足变压器两侧电流相位补偿要求即可。

### 7-129　对振荡闭锁装置的基本要求是什么？

答：（1）当系统发生振荡而没有故障时，应可靠将保护闭锁。

（2）在保护范围内发生短路故障的同时，系统发生振荡，闭锁装置不能将保护闭锁，应允许保护动作。

（3）继电保护在动作过程中系统出现振荡，闭锁装置不应干预保护的工作。

### 7-130　同期重合闸在什么情况下不动作？

答：（1）若线路发生永久性故障，装有无压重合闸的断路器重合后立即断开，同期重合闸不会动作。

（2）无压重合闸拒动时，同期重合闸也不会动作。

（3）同期重合闸拒动。

### 7-131　过电流保护为什么要加装低电压闭锁？

答：过电流保护的动作电流是按躲过最大负荷电流整定的，在有些情况下，不能满足灵敏度的要求。因此为了提高过电流保护在发生短路故障时的灵敏度和改善躲过最大负荷电流的条件，所以在过电流保护中加装低电压闭锁。

### 7-132　什么叫自动重合闸，自动重合闸在电力系统中的作用是什么？

答：（1）对于线路的瞬时接地或其他暂时性故障，可迅速恢复供电，提高供电的可靠性。

（2）对于两侧电源线路，可提高系统并列运行的稳定性和系统的暂态稳定水平。

（3）可纠正由于断路器或继电器误动作引起的误跳闸。

第八章

# 风电场运行操作

### 8-1　什么是"同步"发电机？

答：所谓"同步"发电机，就是指发电机转子磁场的转速（原动机产生）与定子磁场的转速（电力系统频率决定）相等。

### 8-2　发电机为何多采用星形接线？

答：由于发电机的磁通内有较强的三次谐波，如果发电机接成三角形接线，则三次谐波会在三角形内形成回路，造成附加的损耗和发热，当内部故障或绕组接错造成三相不对称，此时就会产生环流，而将发电机烧毁。发电机定子绕组一般接成星形，使三次谐波不能形成回路，从而消除高次谐波的存在。

### 8-3　什么是励磁绕组，什么是电枢绕组？

答：在发电机的定、转子绕组中，将空载时产生气隙磁场的绕阻称为励磁绕组；将另一产生功率转换的绕组称为电枢绕组。可见，发电机的励磁绕组就是转子绕组，而定子绕组则是电枢绕组。异步电动机的励磁绕组是定子绕组，而基本处于短路状态下的转子绕组则是电枢绕组。

### 8-4　发电机运行中的损耗主要有哪些？

答：发电机的损耗大致可分为五大类，即定子铜损、铁损、励磁损耗、电气附加损耗、机械损耗。

### 8-5　发电机并网应符合下列哪些条件？

答：（1）发电机-变压器组与系统电压相等，最大偏差不超过 5%。

（2）发电机-变压器组与系统频率相等，最大偏差不超过 0.2Hz。

（3）发电机-变压器组与系统电压相序一致。

（4）发电机-变压器组与系统电压相位一致。

**8-6　发电机并网的注意事项有哪些？**

**答：**（1）发电机自动准同期并网应由全能副值班员或熟悉电气系统的巡检员进行操作，主、副值班员进行监护。

（2）发电机正常并网应采用励磁控制系统（AVR）自动升压、自动准同期并网，只有在发电机一次系统中有故障或有缺陷和隐患，已进行了检修消缺处理后，可采用手动零起升压自动准同期（FCR）并网的方式。

（3）在并网前应检查自动准同期卡装置电源正常，无告警或装置异常信号。

（4）发电机并网时，同期卡装置投入不得超过 30s，当并网条件基本满足而同期装置无法捕捉到同期点时应退出同期装置，重新投入一次，若仍然不行应终止并网，通知继电保护人员处理。

（5）并网后应及时汇报值长，同时应调整接带有功、无功负荷，防止产生逆功率。有功负荷的增长幅度按值长的命令进行，值班人员应积极配合监视发电机定子电流均匀缓慢上升。

**8-7　关于发电机并网后的规定有哪些？**

**答：**（1）发电机并网后应先增加无功负荷，再增加有功负荷。

（2）发电机并网后要考虑 110kV 系统主变压器中性点运行方式。

（3）发电机并网后按汽轮机负荷曲线增加有功。

（4）发电机并网升负荷过程中，应注意监视发电机定子温度及冷却系统及定、转子铁芯温度的变化情况。

（5）发电机-变压器组并网后的 8h 内，必须每 2h 检查发电机-变压器组一次系统，及时记录发电机-变压器组并网后的各参数。

（6）并网后，检查各保护压板的位置投退是否正确。

**8-8　发电机的不正常工作状态有哪些？**

**答：**（1）发电机运行中三相电流不平衡。

（2）事故情况下，发电机允许短时间的过负荷运行，过负荷持续的时间要由每台机的特性而定。

（3）发电机各部温度或温升超过允许值时，减出力运行。

（4）发电机逆励磁运行。

（5）发电机无励磁短时间运行。

（6）发电机励磁回路绝缘降低或等于零。

（7）转子一点接地。

（8）发电机附属设备故障，造成发电机不正常状态运行。

### 8-9 负序旋转磁场对发电机有什么影响？

**答：**（1）负序旋转磁场相对转子以2倍的同步速度旋转。

（2）负序旋转磁场扫过发电机转子时，会在转子铁芯表面感应出倍频电流，这个电流引起损耗，其损耗与负序电流的平方成正比，将使发电机转子过热。

（3）负序旋转磁场与转子磁场相互作用将产生交变力矩，使发电机产生振动和发出噪声。

### 8-10 什么是发电机的"调相运行"？

**答：**发电机的调相运行是指发电机不发出有功功率，只用来向电网输送感性无功功率的运行状态，从而起到调节系统无功，维持系统电压水平的作用。

### 8-11 什么是发电机的"进相运行"？

**答：**电力系统正常运行时，其负荷是呈感性的。发电机正常运行时，电压的相位是超前电流相位的，此时发电机向系统发出有功功率和感性的无功功率。如果在发电机运行中出现电流的相位超前于电压的相位情况时，我们称此时发电机处于进相运行状态。

### 8-12 发电机"进相运行"对发电机有何影响？

**答：**不同的发电机在做进相运行时可能表现出较大的差异。发电机进相运行后，发电机端部的漏磁比正常情况下有所增加，因而使端部的金属件发热、局部温度升高，同时端部振动也增加。进相深度越大，端部温升越高。据试验实测，进相时定子铁芯端部最高温度发生在铁芯齿顶处，其次是压指处。

**8-13  发电机"进相运行"时，应对发电机做哪些检查？**

**答：** 针对发电机进相运行特别是深度进相运行后，应仔细检查定子绕组的上下端部，特别是铁芯齿顶、线棒出槽口和压指部分有无异常。发现问题应及时上报，不适宜再做进相运行的发电机应申请停止。进相运行对发电机的不良影响比较复杂，可能需长期运行才能发现问题。

**8-14  什么是发电机定子绕组的主绝缘？**

**答：** 线棒是组成发电机定子绕组的基本构件，发电机定子绕组的主绝缘是指发电机线棒的绝缘。组成发电机线棒的各根股线（自带绝缘层的导线）经过编织、换位和胶化成型后，整体连续包绕绝缘层，以某种工艺固化成型。这个绝缘层就是发电机定子绕组的主绝缘。

**8-15  绝缘材料的耐热等级如何分类，发电机使用什么等级的绝缘？**

**答：** 目前绝缘材料的使用温度共分 9 级，现发电机绝缘多使用 B 级、F 级绝缘，电动机多使用 E 级、B 级绝缘。绝缘材料的耐热等级分类见表 8-1：

表 8-1　　　　　　　　　绝缘材料的耐热等级分类

| 耐热等级 | Y | A | E | B | F | H | C | N | R |
|---|---|---|---|---|---|---|---|---|---|
| 使用极限温度，℃ | 90 | 105 | 120 | 130 | 155 | 180 | 200 | 220 | 250 |

**8-16  集电环表面的氧化膜有什么作用？**

**答：** 在运行后的集电环与碳刷的接触面上，有一层咖啡色或浅蓝色、褐色的薄膜，这就是氧化膜。这层薄膜由两部分组成，一是与基体金属结合在一起的金属氧化物和氢氧化物，称为氧化薄膜；二是碳素薄膜，主要是来自运行中碳刷的极细小石墨粒子和杂质（包括空气中的水分）。氧化膜具有一定的电阻，这虽然对导电不利（对需要换向的电机而言，它可以提高换向性能），但它具有良好的润滑性能和减磨性能。在刷、环对磨时，由于氧化膜的存在，相当于形成石墨间的对磨，从而降低了摩擦系数和磨损，也可降低了碳刷的抖动和噪声。

**8-17 碳刷的弹簧压力对碳刷的运行有什么影响？**

**答：**制造厂家对碳刷的运行压力均有明确要求，针对不同性能的碳刷其压力值是不相同的。如果压力偏小，会造成电接触不良，使电气磨损增加。如果压力偏大，又会使机械磨损增加。因此应保持一个合适的中间压力值。

**8-18 简述转子集电环运行与维护的注意事项有哪些。**

**答：**集电环表面应无变色、过热现象，虽然规程规定其可在不大于 $120℃$ 的温度下运行，但集电环温度过高对集电环接触表面的氧化膜不利，建议实际运行中以不超过 $100℃$ 为宜（据研究，碳刷接触压降在 $80\sim100℃$ 时最低）；温度高时应考虑做优化处理。集电环表面不应有麻点或凹沟，当沟深大于 $0.5mm$ 且运行中碳刷冒火或出现响声无法消除时，应车削或研磨集电环。机组扩大性检修时，一般应进行此项工作，集电环接触表面的粗糙度按 $0.8\sim1.6Ra$ 处理。集电环负极运行中若磨损较快，则机组检修时，可在励磁电缆进线的部位（如发电机风洞内的接头端子板处）调换正负极性，以均衡两环的磨损。

在一般性的维护中，若不具备将集电环取出的条件，可在机组转动不带电的情况下进行研磨处理。集电环表面研磨时，碳刷应放于刷盒外，并遵守安全工作规程有关规定。

**8-19 更换碳刷的原则和注意事项有哪些？**

**答：**碳刷长度小于原长度的 $1/2$ 时，应更换新碳刷；每次更换碳刷时的数量不应多于每个集电环碳刷总数的 $1/3$。若需全部更换，可待新换碳刷运行磨合一段时间后，再更换其他碳刷。碳刷应选用同厂同牌号的产品，不可混用。

更换碳刷尽可能于停机时进行，若需在运行中更换，应严格按带电作业要求进行更换。检查和更换碳刷时，只能单人作业，一次只能处理一只碳刷。换上的碳刷最好是先按集电环实际直径要求的形状研磨好，且新旧牌号须一致。

**8-20 发电机功率因数过高、过低对机组有何影响？**

**答：**（1）功率因数升高时，无功功率降低（当功率因数为 1

时，无功功率为 0），这时励磁电流下降，带来发电机转子和定子磁极之间的吸力减小，从而破坏发电机的静态稳定。

（2）功率因数降低时，无功功率升高，由于感性无功起去磁作用，为维护定子电压不变就需增大励磁电流，从而使转子绕组温度升高。

### 8-21　发电机正常运行时的巡视项目有哪些？

**答：**（1）检查发电机外部清洁情况。

（2）检查发电机集电环上碳刷及大轴碳刷的磨损程度和跳火情况。

（3）检查机组各部振动和响声是否正常。

（4）检查发电机各轴承、回油箱油色、油位、润滑油压是否正常。

（5）检查发电机定子铁芯和线圈温度是否正常。

（6）检查励磁功率柜内励磁回路各接头是否发热、变色，灭磁开关主触点接触是否良好，晶闸管工作是否正常，晶闸管快速熔断器有无熔断现象，励磁变压器有无异常响声及引入引出线接头有无发热、变色现象。

（7）检查励磁调节柜各指示灯是否正常；调节器运行参数是否正常，有无异常信号；风机运转是否正常；各转换开关是否在相应位置。

（8）检查发电机出线、尾线、断路器、各连接部分接触是否良好，有无放电、发热、变色现象，电压、电流互感器二次引出线有无破损、放电，接头有无发热和变色现象。

（9）查发电机保护装置是否工作正常，有无异常信号，各保护压板是否均在相应的投入或退出位置。

（10）检查 DCS 站上参数与设备实际状态是否相符。

### 8-22　什么是大轴接地刷，其作用是什么？

**答：**大轴接地刷是接在发电机主轴上的碳刷，它的另一端接地。

大轴接地刷的作用：

（1）消除轴电流，把轴电流引入大地。

（2）监测发电机转子绝缘和用作转子一点接地和两点接地保护（当接地刷上流过较大电流时则可判断为绝缘损坏和接地）。

（3）测量发电机转子正负对地电压。

### 8-23 碳刷跳火的原因是什么？应当怎样消除？

**答：**（1）碳刷型号不符，碳刷研磨不良，其表面接触不好时，更换合格碳刷，重新研磨碳刷时应使发电机在低负荷下运行，直到磨好为止。

（2）碳刷压力不均时，检查碳刷压力，更换较松的压紧弹簧或进行校正；

（3）碳刷磨短，碳刷磨短至原长度 1/2 时必须更换碳刷。

（4）碳刷、集电环表面不清洁时，用低压气吹灰并用白布擦拭集电环。

（5）碳刷引线接线端子松动，发生部分火花时，检查碳刷引线回路中的螺钉有无松动。

（6）集电环烧伤严重，用 0 号砂纸研磨集电环，并用白布擦拭表面。

（7）碳刷在框内摆动或动作带涩，火花随负荷的增加而增加时，检查碳刷在刷框内能否自由移动，更换摇摆的和滞涩的碳刷，碳刷在框内应有 0.1～0.3mm 的间隙。

### 8-24 发电机运行电压过低会产生什么后果？

**答：**（1）低于 90% 额定电压时，定子铁芯将处于不饱和状态运行，使电压不稳定，若励磁稍有变化，电压就会有较大变化，甚至引起失步，破坏系统稳定。

（2）电压过低将使厂用电动机工况恶化。

（3）若保持发电机容量不变，当电压过低时，就必须增加定子电流，则定子绕组温度增高，否则将限值发电机容量运行。

### 8-25 晶闸管励磁装置灭磁方式有哪两种？

**答：**（1）正常停机时，采用晶闸管整流桥逆变灭磁方式，将转子上的能量迅速反送给发电机静子线圈上消耗。

（2）在事故停机时，采用跳开灭磁开关利用非线性电阻灭磁，在灭磁开关断开瞬间，使转子线圈中的能量迅速消耗在非线性电阻上，以实现灭磁。

### 8-26 发电机并列有哪几种方法？各有什么优缺点？

**答：**发电机并列方法有准同期法和自同期法。

准同期并列的优点：

（1）合闸时发电机没有冲击电流。

（2）对电力系统也没有什么影响。

准同期并列的缺点：

（1）如果因某种原因造成非同期并列时，则冲击电流很大，甚至比机端三相短路电流还大一倍。

（2）当采用手动准同期并列时，并列操作的超前时间是运行人员不易掌握的。

自同期并列的优点：

（1）操作方法比较简单，合闸过程的自动化也简单。

（2）在事故状况下，合闸迅速。

自同期并列的缺点：

（1）有冲击电流，而且对系统有影响。

（2）在合闸的瞬间系统的电压降低。

### 8-27 不符合准同期并列条件将产生哪些后果？

**答：**（1）电压不等：其后果是并列后发电机和系统间有无功性质的环流出现。

（2）电压相位不一致：其后果是可能产生很大的冲击电流，使发电机烧毁，或使端部受到巨大电动力的作用而损坏。

（3）频率不等：其后果是将产生拍振电压和拍振电流，拍振电流的有功成分在发电机机轴上产生的力矩使发电机产生机械振动，当频率相差较大时，甚至使发电机并入后不能同步。

### 8-28 非同期并列有什么危害？

**答：**非同期并列是发电厂的一种严重事故，它对有关设备（如发电机及与之串联的变压器、开关等）破坏力极大。严重时，会造成发电机绕组烧毁，导致端部严重变形，即使当时没有立即将设备损坏，也可能产生严重的隐患。就整个电力系统来讲，如果一台大型机组发生非同期并列，则影响会更大，有可能使这台发电机与系统间产生功率振荡，严重扰乱整个系统的正常运行，甚至造成崩溃。

**8-29　端电压升高或降低对发电机本身有什么影响？**

**答：** 电压升高对发电机的影响：

（1）有可能使转子绕组的温度升高到超出允许值。

（2）定子铁芯温度升高。

（3）定子的结构部件可能出现局部高温。

（4）对定子绕组绝缘产生威胁。

电压降低对发电机的影响：

（1）降低运行的稳定性，一个是并列运行的稳定性，一个是发电机电压调节的稳定性。

（2）定子绕组温度可能升高。

**8-30　频率升高或降低对发电机本身有什么影响？**

**答：** 频率升高对发电机的影响：主要是受转动机械强度的限制。频率升高，发电机的转速升高，转子上的离心力就增大，这就易使转子的某些部件损坏。

频率降低对发电机的影响：

（1）频率降低引起转子的转速降低，使两端风扇鼓进的风量降低，使发电机冷却条件变坏，各部分温度升高。

（2）频率降低致使转子线圈的温度增加。

（3）频率降低还可能引起汽轮机断叶片。

（4）频率降低时，为了使端电压保持不变，就得增加磁通，这就容易使定子铁芯饱和，磁通逸出，使机座的某些结构部件产生局部高温，有的部位甚至冒火星。

（5）频率降低时，厂用电动机的转速降低，致使出力下降，也对用户用电的安全，产品质量，效率等都产生不利影响。

（6）频率降低，电压也降低，这是感应电动势的大小与转速有关的缘故。同时发电机的转速低还使同轴励磁机的出力减少，影响无功的输出。

**8-31 发电机允许变为电动机吗？**

**答：**任何一种电机都是可逆的，就是说既可当作发电机运行，也可当作电动机运行，所以就发电机本身而言，变为电动机运行是完全允许的。不过这时要考虑原动机的情况，因为发电机变成电动机时，也就是说要关闭汽门，而有些汽轮机是不允许无蒸汽运行的。

**8-32 发电机测绝缘的注意事项有哪些？**

**答：**（1）整流柜的控制部分及电子装置禁止用绝缘电阻表测量绝缘电阻，若需测量，应由专业人员进行。

（2）正确连接绝缘电阻表接线，测量前后均应将绕组对地放电，防止绝缘电阻表损坏。

（3）测量发电机转子绝缘时，应将转子一点接地保护退出。

（4）测量发电机-变压器组绝缘时，主变压器出口隔离开关，发电机出口 TV 应在断开位。

（5）只允许发电机在静止或盘车状态下测量发电机绝缘，以防止人身感电或损坏绝缘电阻表。

**8-33 发电机-变压器组升压的注意事项有哪些？**

**答：**（1）在发电机转速未达到额定转速前严禁启励，否则进入低频工况，若 $U/f$ 限制不能有效动作，将会引起低频过电流和主变压器低频过励磁。

（2）检查发电机定子电流三相指示正常，以便及时发现发电机-变压器组回路是否存在故障。

（3）检查发电机转子电压在空载值，转子电流在空载值；以检查励磁回路是否正常，并防止由于发电机仪表 TV 一、二次断线等原因，使定子电压表指示不正常，导致调节器超调，造成发电机过电压、主变压器过励磁。

（4）升压中发现异常立即停止升压，故障消除后方可再进行升压。

**8-34　发电机并列的注意事项有哪些?**

**答:**(1)汽轮机调速系统不正常时,不允许进行并网操作。

(2)发电机必须采用自动准同期方式与系统并列。

(3)发电机电压与系统电压相差大于发电机额定电压的5%,发电机频率与系统频率相差大于±1Hz时,禁止投入同期装置。

(4)同期并列时,同期闭锁开关严禁投解除位置。

(5)同期装置检修后,必须做假同期试验(做假同期试验时,联系热工解开主断路器闭合,机组带初负荷信号),假同期试验合格方可并网。

(6)同期装置异常时禁止并列。

**8-35　发电机-变压器组解列的注意事项有哪些?**

**答:**(1)正常发电机-变压器组解列是发电机有功负荷减至最小(约2MW),无功负荷接近于零,断开主变压器出口开关,停励磁,断灭磁开关,汽轮机打闸,解列发电机-变压器组。

(2)发电机-变压器组解列后,检查励磁开关是否正常断开及汽轮机转速是否下降。

**8-36　发电机升压过程中为什么要监视转子电流、定子电流?**

**答:**(1)监视转子电流和与之对应的定子电压,可以发现励磁回路有无短路。

(2)额定电压下的转子电流较额定空载励磁电流显著增加时,可以发现转子有匝间短路和定子铁芯有局部短路。

(3)电压回路断线或电压表卡涩时,防止发电机电压升高,威胁绝缘。

(4)发电机启动升压过程中,监视定子电流是为了判断发电机出口及变压器高压侧有无短路。

**8-37　发电机定子绕组单相接地有哪些危害?**

**答:**由于发电机中性点是不接地系统,发生单相接地时,表面上看构不成回路,但是由于带电体与处于低电位的铁芯间有电容存在,发生一相接地,接地点就会由电容电流流过。单相接地电流的大小与接地绕组的份额成正比。当机端发生金属性接地,接地电流最大，而接地点越靠近中性点，接地电流越小，故障点有电流流过，就可能产生电弧。当接地电流大于 5A 时，就会有烧坏铁芯的危险。

### 8-38 励磁回路灭磁电阻的作用有哪些？

**答：**（1）防止转子绕组间的过电压，使其不超过允许值。

（2）将磁场能量变为热能，加速灭磁过程。

（3）转子绕组间的过电压是因电流突然断开，磁场发生突变引起的。当用整流器励磁的同步发电机出现故障，在过渡过程中励磁电流变负时，由于整流器不能使励磁电流反向流动，励磁回路像开路一样，从而导致绕组两端产生过电压。该电压的数值可通过测量得知，可达转子额定电压值的 10 倍以上。

### 8-39 何为逆变灭磁？

**答：**逆变灭磁是指利用三相全控桥的逆变工作状态，控制角 $\alpha$ 由小于 90°的整流运行状态，突然后退到 $\alpha$ 大于 90°的某一适当角度，此时励磁电流改变极性，以反电势形式加于励磁绕组，使转子电流迅速衰减到零的灭磁过程。

### 8-40 发电机自并励系统有哪些优点？

**答：**（1）运行可靠性高。

（2）改变发电机轴系稳定度。

（3）提高电力系统稳定水平。

（4）经济性好，可降低投资。

### 8-41 为什么发电机标准设计中性点与发电机中性点相连？

**答：**为发电机的匝间保护提供纵向零序电压，防止单相接地时匝间保护误动。

### 8-42 发电机入口风温变化对发电机有哪些影响？

**答：**发电机的额定容量与额定入口风温相对应，我国规定的额定入口风温是 40℃。概括地说，入口风温超过额定值时，会降低发电机的出力；入口风温低于额定值时，可以稍微提高发电机出力。

**8-43　简述发电机的工作原理。**

答：发电机的转子由原动机带动旋转，当直流电经碳刷、集电环通入转子绕组后，转子就会产生磁场。由于转子是在不停地旋转着的，所以这个磁场就成为一个旋转磁场，它和静止的定子绕组间形成相对运动，相当于定子绕组在不断地切割磁感线，于是在定子绕组中就会产生感应出电动势。定子感应电动势的方向，可由右手定则来确定。对于线圈中的任一根导线来说，在转子的旋转过程中，有时 N 极对着它，有时 S 极对着它，不同极性在绕组中感应出的电势方向是不相同的。方向来回变，这就是交流电。

**8-44　对发电机入口风温为什么要规定上下限？**

答：发电机入口风温低于下限，将造成发电机线圈上结露，降低绝缘能力，使发电机损伤。发电机入口风温高于上限，将使发电机出口风温随之升高。因为发电机出口风温等于入口风温加温升，当温升不变且等于规定的温升时，入口风温超过上限，发电机出口风温将超过规定，使定子线圈温度、铁芯温度相应升高，发电机绝缘发生脆化，丧失机械强度，缩短发电机寿命。所以对发电机入口风温要规定上下限。

**8-45　运行中在发电机集电环上工作应有哪些注意事项？**

答：（1）应穿绝缘鞋或站在绝缘垫上。

（2）使用绝缘良好的工具并采取防止短路及接地的措施。

（3）严禁同时触碰两个不同极的带电部分。

（4）穿工作服应把上衣扎在裤子里并扎紧袖口，女同志还应将辫子或长发卷在帽子里；禁止戴绝缘手套。

**8-46　引起发电机过热的原因有哪些？**

答：（1）外电路过载及三相不平衡。

（2）电枢磁极与定子摩擦。

（3）电枢绕组有短路或绝缘损坏。

（4）轴承发热。

（5）冷却系统故障。

**8-47 发电机在运行中功率因数降低会有什么影响？**

**答：**当功率因数低于额定值时，发电机出力会降低，因为功率因数越低，定子电流的无功分量越大，由于电枢电流的感性无功电流起去磁作用，会使气隙合成磁场减小，使发电机定子电压降低，为了维持定子电压不变，必须增加转子电流，此时若保持发电机出力不变，则必然会使转子电流超过额定值，引起转子绕组的温度超过允许值而使转子绕组过热。

**8-48 何为同步发电机的迟相运行？**

**答：**同步发电机既发有功功率又发无功功率的运行状态叫同步发电机的迟相运行。

**8-49 何为绝缘的局部放电，发电机内的局放电有哪几种主要形式？**

**答：**在电场的作用下，绝缘系统中绝缘体局部区域的电场强度达到击穿场强，在部分区域发生放电，这种现象称为局部放电。局部放电只发生在绝缘局部，没有贯穿整个绝缘。

发电机内的局部放电主要有绕组主绝缘内部放电、端部电晕放电及槽放电（含槽部电晕）三种。此外，发电机中还有一种危害性放电，是由定子线圈股线或接头断裂引起的电弧放电，这种放电的机理与局部放电不同。

**8-50 短路对发电机的危害有哪些？**

**答：**（1）定子绕组的端部受到很大的电磁力的作用，有可能使线棒的外层绝缘破裂。

（2）转子轴受很大的电磁力矩的作用。

（3）引起定子绕组和转子绕组发热。

**8-51 短路对电力系统的影响有哪些？**

**答：**（1）可能引起电气设备损坏。

（2）可能因电压低而破坏系统的稳定运行。

**8-52 发电机强行励磁起什么作用，强励动作后应注意什么？**

**答：**（1）强励有以下几方面的作用：① 增加电力系统的稳定

性；② 在短路切除后，能使电压迅速恢复；③ 提高带时限的过电流保护动作的可靠性；④ 改善系统事故时电动机的自启动条件。

（2）强励动作后，应对励磁机的整流子、碳刷进行一次检查，看有无烧伤痕迹。另外要注意电压恢复后短路磁场电阻的继电器触点是否已打开。

### 8-53  发电机并网后怎样接带负荷？

**答：**发电机并入电网后应根据发电机的温度以及原动机的要求逐步接带负荷，有功负荷的增加速度决定于原动机，表面冷却发电机的定子和转子电流增加速度不受限制；内冷发电机此项速度不应超过在正常运行方式下有功负荷的增长速度，制造厂另有规定者应遵守制造厂规定。加负荷时必须有全面监视发电机冷却介质温升、铁芯温度、线圈温度以及碳刷、励磁装置的工作情况。

### 8-54  发电机为什么要实行强励？

**答：**为了提高发电机运行系统的稳定性，在短路故障切除之后电压能迅速恢复到正常状态，要求电压在下降到一定数值时，发电机的励磁能立即增加，所以发电机要实行强行励磁。强励动作就是由继电器自动将励磁机回路的磁场调节电阻短接，或由发电机的自动调整励磁装置自动迅速调整，使励磁机在最大电压值下工作，以足够的励磁电流供给发电机。

### 8-55  发电机强励动作后不返回有哪些危害？

**答：**发电机强励动作后，如果不返回，磁场电阻长时间被短接，在发电机正常运行时，转子将承受很高的电压而受到损伤。

### 8-56  什么是发电机的轴电压和轴电流？

**答：**发电机在转动过程中，只要有不平衡的磁通交链在转轴上，那么在发电机的转轴的两端就会产生感应电动势，这个感应电动势就称为轴电压。当轴电压达到一定值时，通过轴承及其底座等形成闭合回路产生电流，这个电流称为轴电流。

### 8-57  如何防止发电机产生轴电压？

**答：**为了消除轴电压经过轴承、机座与基础等处形成的电流回路，防止轴电流烧坏瓦面，所以要将轴承座对地绝缘。为防止转轴形成悬浮电位，同时转轴还要通过碳刷接地，此碳刷接地可与转子一点接地保护要求的"接地"共用一个。防止轴电压的重点在于防止轴电流的形成，轴承间只要不形成轴电流回路，就不需对所有的轴承绝缘。

### 8-58　发电机轴电压对发电机运行有哪些危害？

**答：**当轴承底座绝缘垫因油污、损坏或老化等原因失去绝缘性能时，轴电压足以击穿轴与轴承间的油膜而发生放电。放电会使润滑油的油质逐渐劣化，放电的电弧会使转轴颈和轴瓦烧出麻点，严重者会造成事故。

### 8-59　发电机非全相运行有哪些危害？

**答：**发电机发生非全相运行主要是出现在老式的发电机断路器的合、分上。由于断路器的原因造成不对称负荷，这时在定子绕组中产生负序电流，它产生的负序磁场相对于转子是以 2 倍频率旋转，这种旋转磁场在转子本体，特别是阻尼绕组中感应出很大的 2 倍频率的负序电流，从而产生很大的附加损耗和温升，形成局部过热，同时也使转子产生较大振动。

### 8-60　引起电力系统异步振荡的主要原因是什么？

**答：**（1）输电线路输送功率超过极限值造成静态稳定破坏。

（2）电网发生短路故障，切除大容量的发电、输电或变电设备，负荷瞬间发生较大突变等造成电力系统暂态稳定破坏。

（3）环状系统（或并列双回线）突然开环，使两部分系统联系阻抗突然增大，引起稳定破坏而失去同步。

（4）大容量机组跳闸或失磁使系统联络线负荷增大或使系统电压严重下降，造成联络线稳定极限降低，易引起稳定破坏。

（5）电源间非同步合闸未能拖入同步。

### 8-61　系统振荡时的一般现象是什么？

**答：**（1）发电机、变压器、线路的电压表、电流表及功率表周期性剧烈摆动，发电机和变压器发出有节奏的轰鸣声。

（2）连接失去同步的发电机或系统的联络线上的电流表和功

率表摆动得最大。电压振荡最激烈的地方是系统振荡中心，每一周期约降低至零值一次。随着离振荡中心距离的增加，电压波动逐渐减少。若联络线的阻抗较大，两侧电厂的电容也很大，则线路两端的电压振荡是较小的。

（3）失去同期的电网，虽有电气联系，但仍有频率差出现，送端频率高，受端频率低并略有摆动。

**8-62 如何防范谐振过电压？**

答：（1）提高开关动作的同期性，由于许多谐振过电压是在非全相运行条件下引起的，因此提高开关动作的同期性，防止非全相运行，可以有效防止谐振过电压的发生。

（2）在并联高压电抗器中性点加装小电抗，用这个措施可以阻断非全相运行时工频电压传递及串联谐振。

（3）破坏发电机产生自励磁的条件，防止参数谐振过电压。

**8-63 定子绕组单相接地对发电机有危险吗？怎样监视单相接地？**

答：定子绕组单相接地时，故障点有电流流过，就可能产生电弧。若电弧是持续的，就可能将铁芯烧坏，严重时会把铁芯烧出一个大缺口。

对单相接地的监视一般通过接在电压互感器开口三角侧的电压表或动作于信号的电压继电器来实现，也可通过切换发电机的定子电压表来发现。

**8-64 发电机转子发生一点接地可以继续运行吗？**

答：转子绕组发生一点接地，即转子绕组的某点从电的方面来看与转子铁芯相通，此时由于电流构不成回路，所以按理也应能继续运行。但转子一点接地运行被认为是不正常的，因为它有可能发展为两点接地故障，两点接地时部分线匝被短路，因电阻降低，所以转子电流会增大，其后果是转子绕组强烈发热，有可能被烧毁，而且发电机会产生强烈的振动。

**8-65 发电机定子过负荷时应怎样处理？**

答：（1）发电机定子过负荷且系统电压不低时，应降低无功使之恢复正常。当自动调节器运行时，功率因数不得超过迟相0.98。

（2）系统故障引起电压下降，发电机定子过负荷时，可按发电机事故过负荷处理。超过允许过负荷时间时，应减负荷到正常值。

（3）发电机定子过负荷时，应密切监视各部温度。若超过允许值，应立即调整或减负荷。

**8-66　在发电机-变压器组解列过程中，当高压侧断路器有一相或两相未断开而拉开励磁开关后，为什么发电机还有电流流过，此时应怎样处理？**

**答：**电流流过的原因：

（1）一相未断开时，是由于从系统侧反充电的缘故。

（2）两相未断开时：当有两相未断开时，变压器高压侧未断开，相与大地是可以构成回路，有电流返回的。励磁开关拉开后，发电机无电动势，但变压器低压侧未断开，两相线圈中都会有高压侧感应过来的电动势，在此电动势的作用下，以发电机为回路，在低压侧线圈中，三相都有电流流过。

迅速恢复发电机三相电流对称的方法：

（1）迅速合上励磁开关，恢复发电机励磁使发电机定子三相电流为零。

（2）先合上已断开相的开关使发电机三相电流对称，然后合励磁开关使发电机被系统拉入同步。

上述第二种方法较好，发电机能较快和较平稳地拉入同步。

**8-67　发电机失磁对系统有何影响？**

**答：**（1）低励和失磁的发电机，从系统中吸收无功功率，引起电力系统的电压降低，如果电力系统中无功功率储备不足，将使电力系统中邻近的某些点的电压低于允许值，破坏了负荷与各电源间的稳定运行，甚至使电力系统电压崩溃而瓦解。

（2）当一台发电机失磁后，由于电压下降，电力系统中的其他发电机在自动调整励磁装置的作用下，将增加其无功输出，从而使某些发电机、变压器或线路过电流，其后备保护可能因过电流而误动，使事故波及的范围扩大。

（3）当一台发电机失磁后，由于该发电机有功功率的摇摆以及系统电压的下降，将可能导致相邻的正常运行发电机与系统之间，或电力系统各部分之间失步，使系统发生振荡。

（4）发电机的额定容量越大，在低励磁和失磁时，引起无功功率缺额越大，电力系统的容量越小，则补偿这一无功功率缺额的能力越弱。因此，发电机的单机容量与电力系统总容量之比越大时，对电力系统的不利影响就越严重。

### 8-68 发电机失磁对发电机本身有何影响？

**答：**（1）由于发电机失磁后出现转差，在发电机转子回路中出现差频电流，差频电流在转子回路中产生损耗，如果超出允许值，将使转子过热。特别是对直接冷却的高功率大型机组，其热容量裕度相对降低，转子更容易过热。而转子表层的差频电流还可能使转子本体槽楔、护环的接触面上发生严重的局部过热甚至灼伤。

（2）失磁发电机进入异步运行之后，发电机的等效电抗降低，从电力系统中吸收无功功率，失磁前带的有功功率越大，转差就越大，等效电抗就越小，所吸收的无功功率就越大。在重负荷下失磁后，由于过电流，将使发电机定子过热。

（3）对于直接冷却高功率的大型汽轮发电机，其平均异步转矩的最大值较小，惯性常数也相对降低，转子在纵轴和横轴方面，也呈较明显的不对称。由于这些原因，在重负荷下失磁后，这种发电机转矩、有功功率要发生剧烈的周期性摆动。对于水轮发电机，由于平均异步转矩最大值较小，以及转子在纵轴和横轴方面不对称，在重负荷下失磁运行时，也将出现类似情况，这种情况下，将有很大甚至超过额定值的发电机转矩周期性地作用到发电机的轴系上，并通过定子传递到机座上。此时，转差也是周期性变化，其最大值可能达到 $4\%\sim5\%$，发电机周期性严重超速。这些情况，都直接威胁着机组的安全。

（4）失磁运行时，定子端部漏磁增强，将使端部的部件和边段铁芯过热。

### 8-69 测量发电机静子、转子回路绝缘电阻时有哪些注意事项？怎样才算测量合格？

答：测量发电机静子、转子回路绝缘电阻时必须检查其断路器、灭磁开关在断开位置，隔离开关在拉开位置，验明回路确无电压后方可摇测，并在摇测结束后将机组置于备用状态。

静子线圈绝缘电阻，与以前的测量结果在同一条件下比较，不得低于 1/5～1/3，但最低不得低于 11MΩ，且吸收比大于 1.3，否则应查明原因，进行处理。励磁回路绝缘电阻一般不低于 0.5MΩ，否则应检查处理，恢复绝缘。

### 8-70 发电机发生哪些情况时应立即解列、停机？

答：（1）发电机内有摩擦声、撞击声或振动突然增大，轴承振动超过 0.08mm，在任何轴颈上所测得 $X$、$Y$ 方向双振幅相对振动值大于 0.250mm。

（2）发电机-变压器组瓦斯保护动作，而断路器拒动时。

（3）发电机内部故障保护装置或断路器拒动时。

（4）发电机外部发生短路故障而保护未动，定子三相电流超过额定值，但定子电压降低且无法维持发电机运行，发电机后备保护拒动时。

（5）发电机无保护运行时（直流系统查接地和直流保险熔断能立即恢复者除外）。

（6）励磁系统发生两点接地并伴有发电机剧烈振动。

（7）发电机发生失磁引起系统振荡，无法消除。

（8）发电机着火。

（9）发电机-变压器组发生直接威胁人身或设备安全时。

### 8-71 发电机运行中调节无功要注意什么？

答：无功的调节是通过改变励磁电流的大小来实现的，应注意：

（1）无功增加时，定子电流、转子电流不要超出规定值，也就是功率因数不要太低。功率因数太低，说明无功过多，即励磁电流过大，转子绕组就可能过热。

（2）由于发电机的额定容量、定子电流、功率因数都是对应的，若既要维持励磁电流为额定值，又要降低功率因数运行，则必须降低有功出力，不然容量就会超过额定值。

（3）无功减少时，要注意不可使功率因数进相。

### 8-72 运行中发电机定子铁芯个别点温度突然升高应如何处理？

**答：** 应分析该点温度上升的趋势及有功、无功负荷变化的关系，并检查该测点是否正常。若随着铁芯温度、进出风温和进出风温差明显上升，又出现"定子接地"信号时，应立即减负荷解列停机，以免铁芯被烧坏。

### 8-73 发电机-变压器组出口断路器自动跳闸应如何处理？

**答：** （1）当运行中的发电机主断路器自动跳闸时，运行人员应根据表计、信号及保护动作情况进行分析，及时处理。

（2）发电机主断路器自动跳闸，若灭磁开关未跳闸，应及时调整发电机频率、电压，待查出跳闸原因并排除后，联系调度重新并网。

（3）发电机主断路器跳闸，若灭磁开关未跳闸，而发电机定子电流指示最大值，应立即断开灭磁开关并停机。

（4）发电机主断路器跳闸后，应迅速查看保护动作情况，检查主断路器外部有无异常，并做好记录，保护动作信号必须有两人在场并经确认后才可复归。

（5）若发电机因外部故障引起过电流保护动作跳闸或发电机保护误动作跳闸，确认故障排除后，联系调度立即将发电机并入系统。

（6）若发电机由于内部故障保护动作跳闸，应对发电机及保护范围内的有关设备进行详细的外部检查，看有无明显故障，测量绝缘电阻，查明跳闸原因，待故障排除后才重新并网。若检查未发现故障，经请示厂总工程师同意，则对发电机可采用零起升压检查。升压时如果出现不正常现象应立即停机处理，如果升压正常可将发电机并入系统运行。

**8-74  简述励磁回路一点接地现象及处理方法。**

答：现象：

（1）屏幕出现"励磁回路一点接地"光字。

（2）转子正、负对地电压明显升高。

处理方法：

（1）测量转子正、负对地电压，判明是否接地及接地具体是哪一极。

（2）若测量发现一点接地，应查询是否因有人在励磁回路上工作所引起，并通知工作人员要求纠正。

（3）确认转子一点接地无法消除时，经申请同意投入"发电机转子两点接地"保护。

（4）对转子励磁回路进行详细检查，若因集电环或励磁回路的积污引起，可用低于0.294MPa的干燥空气进行吹扫以恢复绝缘。检查中必要时轮流停用整流柜，以判断是否因整流柜直流回路接地引起。处理过程中有失磁或失步时应申请停机处理。

（5）发电机转子发生一点接地故障时，引起不允许的振动或转子电流明显增大（变化达10%以上）时，必须立即减少负荷，使振动或转子电流减少到允许的范围，尽快停机处理。

（6）若一点接地运行发生欠磁和失步现象，一般可认为发展到了二点接地，转子两点接地保护将动作跳闸，否则要手动解列停机。

**8-75  简述励磁回路两点接地现象及处理方法。**

答：现象：

（1）转子电流指示增大或为零。

（2）转子电压指示下降或为零。

（3）无功指示降低，机组强烈振动，发电机可能失磁或进相运行。

（4）转子两点接地保护投入时，发电机跳闸。

处理方法：

（1）若发电机由于励磁回路两点接地保护动作跳闸，按跳闸处理。

（2）若转子两点接地保护未投入或拒动时，发生上述现象立即将发电机解列。

（3）将发电机隔离，测定发电机在不同转速下的转子绝缘电阻。

（4）若不是发电机转子内部接地，将接地点切除后重新并网。

**8-76 简述发电机变为电动机运行的现象及处理方法。**

答：现象：

（1）来"主汽门关闭""发电机逆功率"光字。

（2）有功表指示零或反指，无功表指示升高，定子电流表指示稍有降低，定子电压表指示升高，转子电压、电流表指示下降。

（3）系统频率可能下降。

处理方法：

（1）若发电机逆功率保护动作跳闸，按发电机事故跳闸处理。

（2）若保护未动作跳闸时，汇报值长，检查有功功率至零或为负，手动拉开发电机-变压器组主断路器，严禁带负荷解列发电机，以防止机组超速。

（3）逆功率运行不允许超过 1min。

**8-77 简述发电机定子接地现象及处理方法。**

答：现象：

（1）来发电机定子接地信号。

（2）发电机零序电压指示升高。

处理方法：

（1）立即检查保护，检测并记录发电机定子零序电压，根据表计判断接地范围，进行现场检查，查明接地点。

（2）联系电检检查保护动作正确性，查找接地点。

（3）若发电机内部有接地故障象征（焦味冒烟），应立即将发电机解列灭磁、停机。

（4）若发电机内、外部确有接地故障，应将故障消除后才能进行零起升压并网。

**8-78 简述发电机各保护装置的作用。**

答：（1）差动保护。用于反映发电机线圈及其引出的相间短路。

(2) 匝间保护。用于反映发电机定子绕组的一相的一个分支砸间或二个分支间短路。

(3) 过电流保护。用于切除发电机外部短路引起过电流,并作为发电机内部故障的后备保护。

(4) 单相接地保护。反映定子绕组单相接地故障。

(5) 不对称过负荷保护。反映不对称过负荷引起的过电流,一般应装设于一相过负荷信号保护。

(6) 对称过负荷保护。反映对称过负荷引起的过电流,一般应装设于一相过负荷信号保护。

(7) 过电压保护。反应发电机定子绕组过电压。

(8) 励磁回路的接地保护分为转子一点接地保护和转子两点接地保护。反映励磁回路绝缘不好。

(9) 失磁保护。反映发电机由于励磁故障造成发电机失磁,根据失磁的严重程度,使发电机减负荷或跳发电机。

### 8-79 发电机内大量进油有哪些危害及怎样处理?

**答:** 发电机内所进的油来自密封瓦。油含有油烟、水分、空气,大量进油后的危害:

(1) 侵蚀发电机的绝缘,加快绝缘老化。

(2) 如果油中含有大量水分,将使发电机内部湿度增大,使绝缘受潮,降低电击穿强度,严重时可能造成发电机内部相间短路。

处理方法:

(1) 运行人员加强监视,发现有油及时处理。

(2) 若密封瓦有缺陷,应尽早安排停机处理。

### 8-80 发电机自动励磁调节系统的基本要求是什么?

**答:** (1) 励磁系统应能保证所要求的励磁容量,并适当留有富裕。

(2) 具有足够大的强励顶值电压倍数和电压上升速度。

(3) 根据运行需要,应有足够的电压调节范围。

（4）装置应无失灵区，以保证发电机能在人工稳定区工作。

（5）装置本身应简单可靠、动作迅速，调节过程稳定。

**8-81 励磁调节器运行时，手动调整发电机无功负荷应注意什么？**

**答：**（1）增加无功负荷时应注意发电机转子电流和定子电流不能超过额定值，不要使发电机功率因数过低。否则无功功率送出太多，使系统损耗增加，同时励磁电流过大也将使转子过热。

（2）降低无功负荷时应注意不要使发电机功率因数过高或发电机进相运行，从而引起稳定问题。

**8-82 发电机进相运行受哪些因素限制？**

**答：**（1）系统稳定的限制。

（2）发电机定子端部结构件温度的限制。

（3）定子电流的限制。

（4）厂用电电压的限制。

**8-83 为什么发电机要装设转子接地保护？**

**答：** 发电机励磁回路一点接地故障是常见的故障之一，励磁回路一点接地故障对发电机并未造成危害，但相继发生第二点接地，即转子两点接地时，由于故障点流过相当大的故障电流而烧伤转子本体，并使励磁绕组电流增加，使其可能因过热而烧伤。由于部分绕组被短接，使气隙磁通失去平衡从而引起振动甚至还可使轴系和汽轮机磁化，两点接地故障的后果是严重的，故必须装设转子接地保护。

**8-84 何为同步发电机的同步振荡和异步振荡？**

**答：**（1）同步振荡：当发电机输入或输出功率变化时，功角 $\delta$ 将随之变化，但由于机组转动部分的惯性，$\delta$ 不能立即达到新的稳定值，需要经过若干次在新的 $\delta$ 值附近振荡之后，才能稳定在新的 $\delta$ 下运行，这一过程即同步振荡，亦即发电机仍保持在同步运行状态下的振荡。

（2）异步振荡：发电机因某种原因受到较大的扰动，其功角 $\delta$ 在 $0\sim360°$ 之间周期性变化，发电机与电网失去同步运行状态。在异步振荡时，发电机一会儿工作在发电机状态，一会儿工作在电动机状态。

### 8-85　发电机逆功率运行对发电机有何影响？

**答：**（1）一般发生在刚并网时，负荷较轻，造成发电机逆功率运行，这样的情况对发电机一般不会有什么影响。

（2）当发电机带着高负荷运行时，若引起发电机逆功率运行可能造成发电机瞬间过电压，因为带负荷时一般为感性（即迟相运行）即正常运行的电枢反应磁通的励磁电流在负荷瞬间消失后，会使全部励磁电流使发电机电压升高，升高多少与励磁系统特性有关，从可靠性来讲，发生过电压对发电机有不利的影响，可能由于某种保护动作引起机组跳闸。

### 8-86　运行中引起发电机振动突然增大的原因有哪些？

**答：**（1）电磁原因：转子两点接地，匝间短路，负荷不对称，气隙不均匀等。

（2）机械原因：找正找得不正确，联轴器连接不好，转子旋转不平衡。

（3）其他原因：系统中突然发生严重的短路故障，如单相或两相短路等；运行中，轴承中的油温突然变化或断油。由于汽轮机方面的原因引起的汽轮机超速也会引起转子振动，有时会使其突然增大。

### 8-87　发电机非全相运行处理原则是什么？

**答：**（1）发电机并列时，发生非全相，应立即调整发电机有功、无功负荷到零，将发电机与系统解列。

（2）发电机解列时，发生非全相分闸，应检查发电机有功、无功负荷到零，立即断开发电机所在母线上的所有开关（包括分段断路器、母联断路器及旁路开关）。当某线路开关断不开时，要联系调度拉开对侧开关。

（3）当发生非全相运行时，灭磁开关已跳闸，若汽轮机主汽门已关闭，应立即断开发电机所在110kV母线上的所有开关（包括分段断路器、母联断路器及旁路开关）；若汽轮机主汽门未关闭，则应立即合上灭磁开关，维持转速，给上励磁，再进行处理；

立即断开发电机所在 110kV 母线上的所有开关（包括分段断路器、母联断路器及旁路开关）。

（4）做好发电机定子电流和负序电流变化、非全相运行时间、保护动作情况、有关操作等项目的记录，以备事后对发电机的状况进行分析。

**8-88　简述发电机低励、过励、过励磁限制的作用。**

答：（1）低励限制：发电机低励运行期间，其定、转子间磁场联系减弱，发电机易失去静态稳定。为了确保一定的静态稳定裕度，励磁控制系统（AVR）在设计上均配置了低励限制回路，即当发电机在一定的有功功率下，无功功率滞相低于某一值或进相大于某一值时，在 AVR 综合放大回路中输出一增加机端电压的调节信号，使励磁增加。

（2）过励限制：为了防止转子绕组因过热而损坏，当其电流越过一定的值时，该限制起作用，通过 AVR 综合放大回路输出一减小励磁的调节信号。

（3）过励磁限制：当发电机出口 $U/f$ 值较高时，主变压器和发电机定子铁芯将过励磁，从而产生过热，易损坏设备。为了避免这种现象发生，当 $U/f$ 超过整定值时，通过励磁限制器向 AVR 综合放大回路输出一降低励磁的调节信号。

**8-89　简述发电机电流互感器二次回路断线故障现象及处理方法。**

答：现象：

（1）测量用电流互感器二次回路断线时，发电机有关电流表指示（显示）到零，有功表、无功表指示（显示）下降，电能表转慢。

（2）保护用电流互感器二次回路断线时，有关保护可能误动作。

（3）励磁系统电流互感器二次回路断线时，自动励磁调节器输出可能不正常。

（4）电流互感器二次开路，其本身会有较大的响声，开路点会产生高电压，会出现过热、冒烟等现象，开路点会有烧伤及放电现象，断线信号发出。

处理方法：

（1）根据表计指示（显示）判断是哪组电流互感器故障，视情况降低机组负荷运行。

（2）若测量用电流互感器二次回路断线，部分表计指示异常，此时应加强对其他表计的监视，不得盲目对发电机进行调节，并立即联系检修处理。

（3）若保护用电流互感器二次回路断线，应将有关保护停用。

（4）若励磁调节电流互感器二次回路断线，自动励磁调节器输出不正常，应切换手动方式运行。

（5）对故障电流互感器二次回路进行全面检查，若是互感器本身故障，应申请停机处理；若是因为有关端子接触不良，应采用短接法，戴好绝缘用具进行排除；故障无法消除时申请停机处理。

### 8-90　发电机突然短路有哪些危害？

**答：**（1）发电机突然短路时，发电机绕组端部将受到很大的电动力冲击，可能使线圈端部产生变形甚至损伤绝缘。

（2）定、转子绕组出现过电压，对发电机绝缘产生不利影响。定子绕组中产生强大的冲击电流与过电压的综合作用，可能导致绝缘的薄弱环节被击穿。

（3）发电机可能产生剧烈振动，对某些结构部件会产生强大破坏性的机械应力。

### 8-91　发电机定子绕组中的负序电流对发电机有什么危害？

**答：**当电力系统发生不对称短路或负荷三相不对称时，在发电机定子绕组中就流有负序电流。该负序电流在发电机气隙中产生反向旋转磁场，它相对于转子来说为 2 倍的同步转速，因此在转子中就会感应出 100Hz 的电流，即所谓的倍频电流。该倍频电流主要部分流经转子本体、槽楔和阻尼条，而在转子端部附近沿周界方向形成闭合回路，这就使得转子端部、护环内表面、槽楔和小齿接触面等部位局部灼伤，严重时会使护环受热松脱，给发电机造成灾难性的破坏。另外，负序气隙旋转磁场与转子电流之间，正序气隙旋转磁场与定子负序电流之间所产生的频率为100Hz交变电磁力矩，将同时作用于转子大轴和定子机座上，引起频率为100Hz的振动。

**8-92　为什么不能将发电机灭磁开关改成动作迅速的断路器？**

**答：**由于励磁回路存在电感，而直流电流没有过零时刻。当电流一定时突然短路，电弧熄灭瞬间会产生过电压。电弧熄灭越快，过电压越高，可能造成励磁回路绝缘被击穿，因此发电机灭磁开关不能改成动作迅速的断路器。

## 第九章

# 风电场常见故障

**9-1　事故处理的一般原则是什么?**

**答:**(1)尽快判明事故的性质和范围,限制事故的发展,从根源上消除事故,解除事故对人身和设备的威胁。

(2)尽可能保持无故障设备的正常运行。

(3)尽快将已停电的设备恢复供电。

(4)调整系统运行方式,使其恢复正常。

**9-2　事故处理的正确流程是什么?**

**答:**(1)简明、正确地将事故情况向调度及有关领导汇报,并做好记录。

(2)根据表计和保护,信号及自动装置的指示,动作情况,外部象征来分析、判断事故。

(3)当事故对人身和设备有威胁时,应立即设法解除,必要时停止设备的运行,否则,应设法恢复或保持设备的正常运行,应特别注意对未直接受到损害的设备进行隔离,保证其正常运行。

(4)迅速进行检查试验,判明故障的性质、地点及范围。

(5)对于故障设备,在判明故障的部分及故障性质后,通知相关人员进行处理。同时,值班人员应做好准备工作,如断开电源,装设安全措施等。

(6)为防止事故扩大,必须主动将事故处理的每一阶段情况及时、准确地向值长汇报。

**9-3　感应电动机启动时为什么电流大,而启动后电流会变小?**

**答:**在合闸瞬间转子因惯性还未转起来,旋转磁场以最大的切割速度(同步转速)切割转子绕组,使转子绕组感应出可能达到的最高电动势，因此在转子导体中流过很大的电流，这个电流产生抵消定子磁场的磁能，就像变压器二次磁通要抵消一次磁通的作用一样。定子方面为了维护与该时电源电压相适应的原有磁通，遂自动增加电流。因为此时转子的电流很大，故定子电流也增得很大，甚至高达额定电流的 4～7 倍，这就是启动电流大的缘由。

启动后电流变小原因：随着电动机转速增高，定子磁场切割转子导体的速度减小，转子导体中感应电动势减小，转子导体中的电流也减小，于是定子电流中用来抵消转子电流所产生的磁通的影响的那部分电流也减小，所以定子电流就从大到小，直到正常。

**9-4 感应电动机定子绕组一相断线为什么启动不起来？**

**答**：三相星接的定子绕组一相断线时，电动机就处于只有两相线端接电源的线电压上，组成串联回路，成为单相运行。单相运行时，电流会不正常增大造成电动机线圈过热甚至烧损电动机，进而会引起机械部分振动加剧，损坏机械部分。

**9-5 鼠笼式感应电动机运行中转子断条有什么异常现象？**

**答**：鼠笼式感应电动机在运行中转子断条，电动机转速将变慢，定子电流忽大忽小，呈周期性摆动，机身振动，可能发出有节奏的"嗡嗡"声。

**9-6 感应电动机定子绕组运行中单相接地有哪些异常现象？**

**答**：对于 380V 低压电动机接在中性点接地系统中发生单相接地时，接地相的电流显著增大，电动机发生振动并发出不正常的响声，电动机发热，可能从一开始就将该相的熔断器熔断，也可能使绕组因过热而损坏。

**9-7 用绝缘电阻表测量绝缘电阻时要注意什么？**

**答**：（1）绝缘电阻表一般有 500V、1000V、2500V 等几种，应按设备的电压等级并按规定选好相应的绝缘电阻表。

（2）测量设备的绝缘电阻时，必须先切断电源，对具有较大电容的设备（如电容器、变压器、电机及电缆线路），必须先进行放电。

（3）绝缘电阻表应放在水平位置，在未接线之前先摇动绝缘电阻表，看指针是否在"∞"处，再将"L"和"E"两个接线柱短接。

（4）绝缘电阻表引用线用多股软线，且应有良好的绝缘。

（5）架空线路及与架空线路相连接的电气设备在发生雷雨时，或者不能全部停电的双回架空线路和母线在被测回路的感应电压超过 12V 时，禁止进行测量。

（6）测量电容器、电缆、大容量变压器和电机时，要有一定的充电时间。电容量越大，充电时间应越长。

（7）在摇测绝缘电阻时，应使绝缘电阻表保持额定转速，一般为 120r/min。当被测物电容量大时，为了避免指针摆动，可适当提高转速（如 130r/min）。

（8）被测物表面应擦拭清洁，不得有污物，以免漏电影响测量的准确度。

（9）绝缘电阻表没有停止转动和设备未放电之前，切勿用手触及测量部分和绝缘电阻表的接线柱，以免触电。

**9-8　用绝缘电阻表测量绝缘电阻时为什么规定摇测时间为 1min？**

答：用绝缘电阻表测量绝缘，一般规定以摇测 1min 后的读数为准。因为在绝缘体上加上直流电压后，流过绝缘体的电流（吸收电流）将随时间的增长而逐渐下降。而绝缘体的直流电阻率是根据稳态传导电流确定的，并且不同材料绝缘体其绝缘吸收电流的衰减时间不同。但是试验证明，绝大多数绝缘材料吸收电流经过 1min 已趋于稳定，所以规定用加压 1min 后的绝缘电阻值来确定绝缘性能的好坏。

**9-9　感应电动机启动不起来的原因有哪些？**

答：（1）电源方面原因：①无电，操作回路断线或电源开关未合上；②一相或两相断电；③电压过低。

（2）电动机本身原因：①转子绕组开路；②定子绕组开路；③定、转子绕组有短路故障；④定、转子相擦。

（3）负载方面原因：①负载带得太重；②机械部分卡涩。

**9-10　运行中的电动机遇到哪些情况时应立即停止运行？**

答：（1）人身事故。

（2）电动机冒烟起火或一相断线运行。

（3）电动机内部有强烈的摩擦声。

（4）直流电动机整流子严重环火。

（5）电动机强烈振动及轴承温度迅速升高或超过允许值。

（6）电动机受水淹。

**9-11 运行中的电动机的声音发生突然变化，电流表所指示的电流值上升或低至零，其可能原因有哪些？**

**答**：（1）定子回路中一相断线。

（2）系统电压下降。

（3）绕组匝间短路。

（4）鼠笼式转子绕组端环有裂纹或与铜（铝）条接触不良。

（5）电动机转子铁芯损坏或松动，转轴弯曲或开裂。

（6）电动机某些零件（如轴承端盖等）松弛或电动机底座和基础连接不紧固。

（7）电动机定、转子空气间隙不均匀，超过规定值。

**9-12 电动机启动时，合闸后发生什么情况时必须停止其运行？**

**答**：（1）电动机电流表指向最大超过返回时间而未返回时。

（2）电动机未转而发生嗡嗡响声或达不到正常转速。

（3）电动机所带机械严重损坏。

（4）电动机发生强烈振动且超过允许值。

（5）电动机启动装置起火、冒烟。

（6）电动机回路发生人身事故。

（7）启动时，电动机内部冒烟或出现火花。

**9-13 关于电动机正常运行中的检查项目有哪些？**

**答**：（1）声响正常，无焦味。

（2）电动机电压、电流在允许范围内，振动值小于允许值，各部温度正常。

（3）电缆头及接地线良好。

（4）绕线式电动机及直流电动机碳刷、整流子无过热、过短、烧损，调整电阻表面温度不超过 60℃。

（5）油色、油位正常。

（6）冷却装置运行良好，出入口风温差不大于 25℃，最大不超过 30℃。

**9-14 关于电动机绝缘电阻值的规定有哪些？**

**答：**（1）6kV 电动机应使用 1000～2500V 绝缘电阻表测绝缘电阻，其值不应低于 6MΩ。

（2）380V 电动机使用 500V 绝缘电阻表测量绝缘电阻，其值不应低于 0.5MΩ。

（3）容量为 500kW 以上的电动机吸收比 $R_{60}''/R_{15}''$ 不得小于 1.3，且与上一次相同条件上比较，不低于前次测得值的 1/2，低于此值应汇报有关领导。

（4）电动机停用超过 7 天以上时，启动前应测绝缘电阻值，备用电动机 15 天测绝缘电阻值一次。

（5）电动机发生淋水、进汽等异常情况时，启动前必须测定绝缘电阻值。

**9-15 运行的电动机的规定和注意事项有哪些？**

**答：**（1）电动机在额定冷却条件下，可按制造厂铭牌上所规定的额定数据运行，不允许限额不明确的电动机盲目运行。

（2）电动机线圈和铁芯的最高监视温度应根据制造厂的规定执行，若厂家没有明确规定应按表 9-1 规定执行，电动机在任何运行情况下均不应超出此温升。

（3）电动机轴承的允许温度，应遵守制造厂的规定。

（4）电动机一般可以在额定电压的 -5%～10% 运行，其额定出力不变。

（5）电动机在额定出力运行时，相间电压的不平衡率不得大于 5%，三相电流差不得大于 10%。

（6）电动机运行时，在每个轴承测得的振动不得超过表 9-1 的规定：

表 9-1　　　　转速与振动对应表

| 电动机转速，r/min | 3000 | 1500 | 1000 | 750 及以下 |
|---|---|---|---|---|
| 振动值（双振幅），mm | 0.05 | 0.085 | 0.10 | 0.12 |

电动机在运行过程中除严格执行各种规定外，还应注意如下问题：

（1）电动机的电流在正常情况下不得超过允许值，三相电流之差不得大于10％。

（2）声响和气味：电动机在正常运行时声响应正常均匀，无杂音。

（3）轴承的工作情况：主要是润滑情况，润滑油是否正常、温度是否高、是否有杂物。

### 9-16　异步电动机空载电流的大小与什么因素有关？

**答：**主要与电源电压的高低有关。因为电源电压高，铁芯中的磁通增多，磁阻将增大。当电源电压高到一定值时，铁芯中的磁阻急剧增加，绕组感抗急剧下降，这时电源电压稍有增加将导致空载电流增大很多。

### 9-17　关于电动机允许启动次数的要求有哪些？

**答：**（1）正常情况下，电动机在冷态下允许启动2次，间隔5min，允许在热态下启动一次。

（2）事故时（或紧急情况）以及启动时间不超过2～3s的电动机，可比正常情况多启动一次。

（3）进行机械平衡试验，电动机启动的间隔时间：①200kW以下的电动机不应小于0.5h；②200～500kW的电动机不应小于1h；③500kW以上的电动机不应小于2h。

### 9-18　电动机启动时，断路器跳闸如何处理？

**答：**（1）检查保护是否动作，整定值是否正确。

（2）对电气回路进行检查，未发现明显故障点及设备异常时，应停电测量绝缘电阻。

（3）检查机械部分是否卡住或带负荷启动。

（4）检查事故按钮是否人为接通（长期卡住）。

（5）电源电压是否过低。

（6）通过检查查明原因后，待故障消除再送电启动。

### 9-19　电动机启动时，熔断器熔断将如何处理？

**答：**（1）对电气回路进行检查，未发现明显故障点及设备异常时，应停电测量绝缘电阻。

（2）检查机械部分是否卡住或带负荷启动。

（3）检查电源电压是否过低。

（4）检查熔断器熔断情况，判断有无故障或熔丝容量是否满足要求。

**9-20　运行中的电动机，定子电流发生周期性的摆动，可能是什么原因？**

答：（1）鼠笼式转子铜（铝）条损坏。

（2）绕线式转子绕组损坏。

（3）绕线式电动机的集电环短路装置或变阻器有接触不良等故障。

（4）机械负荷发生不均匀变化。

**9-21　电动机发生剧烈振动，可能是什么原因？**

答：（1）电动机和其所带机械之间的中心不正。

（2）机组失去平衡。

（3）转动部分与静止部分摩擦。

（4）联轴器及其连接装置损坏。

（5）所带动的机械损坏。

**9-22　电动机轴承温度高，可能是什么原因？**

答：（1）供油不足，滚动轴承的油脂不足或太多。

（2）油质不清洁，油太浓，油中有水，油型号用错。

（3）传动皮带拉得过紧，轴承盖盖得过紧，轴瓦面刮得不好，轴承的间隙过小。

（4）电动机的轴承、轴倾斜。

（5）中心不正或弹性联轴器的凸齿工作不均。

（6）滚动轴承内部磨损。

（7）轴承有电流通过，轴颈磨蚀不光，轴瓦合金磨损等。

（8）转子不在磁场中心引起轴向窜动，轴承撞击或轴承受挤压。

**9-23　电动机超载运行会发生什么后果？**

答：电动机超载运行会破坏电磁平衡关系，使电动机转速下降，温度升高。如果短时过载还能维持运行，如果长时间过载，超过电动机的额定电流，就会使绝缘过热加速老化，甚至烧毁电动机。

**9-24　直流电动机不能正常启动的原因有哪些?**

答:(1)碳刷不在中性线上。

(2)电源电压过低。

(3)励磁回路断线。

(4)换向极线圈接反。

(5)碳刷接触不良。

(6)电动机严重过载。

**9-25　造成电动机单相接地的原因是什么?**

答:(1)绕组受潮。

(2)绕组长期过载或局部高温，使绝缘焦脆、脱落。

(3)铁芯硅钢片松动或有尖刺，割伤绝缘。

(4)绕组引线绝缘损坏或与机壳相碰。

(5)制造时留下隐患，如下线擦伤，槽绝缘位移，掉进金属物等。

**9-26　关于电动机各部分的最高允许温度与温升($t_e = 35℃$)的规定有哪些?**

答:具体方法见表 9-2。

表 9-2　　　　电动机各部分的最高允许温度与温升的规定

| 名称 | 绝缘等级 | | | | | | | | | | 测定方法 |
| | A 级 | | E 级 | | B 级 | | F 级 | | H 级 | | |
| | 温度与温升,℃ | | | | | | | | | | |
| | $t$ | $Q$ | $t$ | $Q$ | $t$ | $Q$ | $T$ | $Q$ | $t$ | $Q$ | |
| 定子绕组 | 105 | 70 | 120 | 85 | 130 | 95 | 140 | 105 | 165 | 130 | 电阻法 |
| 转子绕组 | 105 | 70 | 120 | 85 | 130 | 95 | 140 | 105 | 165 | 130 | 计算法 |
| 定子铁芯 | 105 | 70 | 120 | 85 | 130 | 95 | 140 | 105 | 165 | 130 | 温度表 |
| 集电环 | $t=105℃$ | | | | | $Q=70℃$ | | | | | 测量法 |
| 滚动轴承 | $t=100℃$ | | | | | $Q=65℃$ | | | | | 温度表 |
| 滑动轴承 | $t=80℃$ | | | | | $Q=45℃$ | | | | | 温度表 |

**9-27 电动机在额定工况下运行，轴间窜动值不应超过多少？**

答：（1）滑动轴承窜动值不应超过 2~4mm。

（2）滚动轴承不允许串动。

**9-28 简述电动机启动不起来的原因及处理方法。**

答：原因：

（1）电动机电源断相（一相或二相熔断器熔断）。

（2）电动机定子或转子绕组断线。

（3）电动机定子绕组相间短路，接地或接线错误。

（4）继电器整定值太小，断路器、隔离开关接触不良或开关机构故障不能合闸。

（5）控制回路断线，控制熔断器熔断或控制电源开关跳闸，热工触点是否切换正常。

（6）电动机启动负载过大或所拖动机械被卡住。

（7）电动机或所拖动机械的轴承损坏或被卡住。

（8）电动机所带的机械（水泵、风机）倒转，启动力矩大。

处理方法：

（1）汇报值长，检查、控制熔断器是否熔断，接触是否良好或控制开关是否跳闸，检查控制回路是否有断线。

（2）检查电动机电流保护及热偶保护是否动作，检查电动机所带机械的热机保护是否动作。

（3）检查电动机的电源开关是否已推到工作位置，其行程触点接触是否良好。

（4）切电后测绝缘电阻是否合格。

（5）进行手动盘车试验，检查旋转是否灵活，确认电动机轴承以及所带机械的轴承是否卡涩。

（6）检查电动机测控装置是否运行正常，有无闭锁信号及保护动作信号出口，及时联系检修人员进行处理。

（7）检查水泵出口阀门或所带风机出口风门是否在关闭位置。

（8）待检查处理好后再进行启动试验，注意启动次数。

（9）经检查与处理仍然启动不起来，应汇报值长并及时通知检修人员检查处理。

**9-29　简述电动机转速低的原因及处理方法。**

**答**：原因：

（1）电动机所在的母线段电压过低。

（2）电动机转子鼠笼条断裂或脱焊。

（3）电动机负载过大或两相运行。

（4）电动机接线错误（将三角形接线，接成星形接线）。

处理方法：

（1）检查电动机电流指示值是否超过额定值，若超过应减少机械负载，观察电动机电流变化情况，若电流继续上升，立即启动备用转机，停运故障转机。

（2）检查电动机是否过载，必要时减少机械负荷。

（3）检查电动机电源是否缺相，应及时启动备用转机，停运故障转机。

（4）若电动机所在母线电压过低，应及时汇报值长、主值，调整其母线电压直至正常。

（5）若经检查没有发现问题，汇报值长并通知检修人员处理。

**9-30　简述电动机运行中停不下来的原因及处理方法。**

**答**：原因：

（1）控制电源电压过低或控制保险熔断、控制电源开关跳闸。

（2）控制回路断线。

（3）跳闸线圈烧损。

（4）380V 接触器控制类电动机接触器黏死。

（5）6kV 开关机构故障。

（6）合闸回路一直接通。

（7）电动机控制逻辑回路不允许电动机停运。

（8）电动机开关或接触器已断开，泵或风机由于进出口门未关而转动。

处理方法：

（1）首先检查是否因电动机控制逻辑回路不允许停运电动机

造成的。

（2）检查控制电源是否正常，若控制保险熔断则进行更换；若控制开关跳闸，检查无明显故障则重合一次。

（3）检查控制回路有无明显的断线、烧损现象。

（4）检查跳闸继电器是否烧损，联系保护班人员处理。

（5）检查合闸回路是否接通，检查合闸按钮、合闸继电器是否黏死等。

（6）用事故按钮捅跳一次。

（7）若为 PC 段、MCC 柜负荷，对于 MT 开关，可就地用按钮跳一次，若跳不开，手动断开自动空气开关；对于 NS 开关，就地手动断开自动空气开关。

（8）对于 6kV 断路器，可减负荷至最小，就地手动打跳一次，仍跳不开，可将该段母线负荷转移，申请停母线处理。

### 9-31　电动机过电流的原因有哪些？

答：（1）电动机所带机械负载过重。

（2）一相断线。

（3）电压或频率降低造成转速降低。

（4）电动机所带机械发生故障。

### 9-32　电动机绝缘低的可能原因有哪些？

答：（1）绕组受潮或被水淋湿。

（2）电动机过热后绕组绝缘老化。

（3）绕组上灰尘、油污太多。

（4）引出线或接线盒接头绝缘即将损坏。

### 9-33　异步电动机空载电流出现不平衡，是由哪些原因造成的？

答：（1）电源电压三相不平衡。

（2）定子绕组支路断线使三相阻抗不平衡。

（3）定子绕组匝间短路或一相断线。

（4）定子绕组一相接反。

### 9-34　三相电源缺相对异步电动机启动和运行有何危害？

答：电动机将无法启动，且有强烈的"嗡嗡"声，长时间易烧毁电动机。若在运行中的电动机缺一相电源，虽然电动机能继续转动，但转速下降，如果负载不降低，电动机定子电流将增大，引起过热，甚至烧毁电动机。

**9-35　电动机接通电源后电动机不转，并发出"嗡嗡"声，而且熔丝爆断或断路器跳闸是什么原因？**

答：（1）线路有接地或相间短路。

（2）熔丝容量过小。

（3）定子或转子绕组有断路或短路。

（4）定子绕组一相反接或将星形接线错接为三角形接线。

（5）转子的铜（铝）条脱焊或断裂，集电环碳刷接触不良。

（6）轴承严重损坏，轴被卡住。

**9-36　频率变动对感应电动机运行有什么影响？**

答：（1）频率的偏差超过额定值的 $\pm 1\%$ 时，电动机的运行情况将会恶化，影响电动机的正常运行。

（2）电动机运行电压不变时，磁通与频率成反比，因此频率的变化将影响电动机的磁通。电动机的启动力矩与频率的立方成反比，最大力矩与频率的平方成反比，所以频率的变动对电动机力矩也是有影响的。

（3）频率的变化还将影响电动机的转速，出力等。

（4）频率升高，定子电流通常是增大的。在电压降低的情况下，频率降低，电动机吸取的无功功率要减小。

（5）频率的改变影响电动机的正常运行并使其发热。

**9-37　感应电动机在什么情况下会过电压？**

答：运行中的感应电动机在断路器跳闸的瞬间容易发生电感性负荷的操作过电压，有些情况，合闸时也能产生操作过电压。对于电压超过 3000kV 的绕线式电动机，如果转子开路，则在启动时的合闸瞬间磁通突变，也会产生过电压。

**9-38　什么原因会造成三相异步电动机的非全相运行？简述其现象及处理方法。**

答：原因：三相异步电动机在运行中，如果有一相熔断器烧坏或接触不良，隔离开关、断路器、电缆头及导线一相接触松动以及定子绕组一相断线，均会造成电动机单相运行。

现象：电动机在单相运行时，电流表指示上升或为零（如正好安装电流表的一相断线时，电流指示为零），转速下降，声音异常，振动增大，电动机温度升高，时间长了可能烧毁电动机。

处理方法：应立即打跳该开关，若开关不能打跳，立即合上该电动机开关，汇报值长，将故障开关所在的母线上全部负荷转移，并将母线停电，将故障开关拉出停电后，恢复母线运行。

### 9-39 直流电动机励磁回路并接电阻有什么作用？

**答：** 当直流电动机励磁回路断开时，由于自感作用，将在磁场绕组两端感应很高的电势，此电势可能对绕组匝间绝缘有危险。为了消除这种危险，在磁场绕组两端并接一个电阻，改电阻称为放电电阻。放电电阻可将磁场绕组构成回路，一旦出现危险电势，在回路中形成电流，使磁场能量消耗在电阻中。

### 9-40 电动机自动跳闸如何处理？

**答：**（1）有备用电动机的检查备用电动机是否联动，若未联动则手动合上备用泵开关。

（2）装设热偶继电器保护的电动机在热继电器动作跳闸后，对于所带机械负载为油、水或风的电动机，应立即将电动机电源停电，并测定绝缘，查明原因后方可送电运行。

（3）对于所带机械负载较大时，热继电器动作，若设备外观无异常，可直接恢复热继电器运行；若短时间内热继电器再次动作，应停电进行检查，并联系检修人员处理。

（4）重要厂用电动机跳闸，若无备用电动机或备用电动机不能迅速启动时，为了保证机组运行，经值长同意后，允许试投一次，但下列情况除外：

1）在电动机电源电缆上有明显的短路和损坏现象。

2）发生需要立即停止电动机运行的人身事故。

3）电动机所带动的机械部分损坏。

4）设备跳闸前有电流冲击。

**9-41 电动机三相绕组一相首尾接反，启动时会有什么现象，如何查找？**

答：电动机三相绕组一相绕组首尾接反，则在启动时：

（1）启动困难。

（2）一相电流大。

（3）可能产生振动引起声音很大。

一般查找的方法：

（1）仔细检查三相绕组首、尾标志。

（2）检查三相绕组的极性次序，如果不是 N、S 交错分布，即表示有一绕组反接。

**9-42 影响变压器油位及油温的因素有哪些？**

答：变压器的油位在正常情况下随着油温的变化而变化，因为油温的变化直接影响变压器油的体积，使油位上升或下降。影响油温变化的因素有负荷的变化、环境温度的变化、内部故障及冷却装置的运行状况等。

**9-43 电压过高对运行中的变压器有哪些危害？**

答：电压过高会使铁芯产生过励磁并使铁芯严重饱和，铁芯及其金属夹件因漏磁增大而产生高热，严重时将损坏变压器绝缘并使构件局部变形，缩短变压器的使用寿命。所以，运行中变压器的电压不能过高，最高不得超过额定电压的 10%。

**9-44 更换变压器呼吸器内的吸潮剂时应注意什么？**

答：（1）应将重瓦斯保护改接信号。

（2）取下呼吸器时应将连管堵住，防止回吸空气。

（3）换上干燥的吸潮剂后，应使油封内的油没过呼气嘴将呼吸器密封。

**9-45 取运行中变压器的瓦斯气体应注意什么？**

答：（1）取瓦斯气体必须由两人进行，其中一人操作，一人监护。

（2）攀登变压器取气时，应保持安全距离，防止高摔。

（3）防止误碰探针。

**9-46　变压器绕组绝缘损坏是由哪些原因造成的?**

答：(1) 线路短路故障。

(2) 长期过负荷运行,绝缘严重老化。

(3) 绕组绝缘受潮。

(4) 绕组接头或分接开关接头接触不良。

(5) 雷电波侵入,使绕组过电压。

**9-47　变压器的零序保护在什么情况下投入运行?**

答：变压器的零序保护应装在变压器中性点直接接地侧,用来保护该侧绕组的内部及引出线上接地短路,也可作为相应母线和线路接地短路时的后备保护,因此当该变压器中性点接地开关合入后,零序保护即可投入运行。

**9-48　在什么情况下需将运行中的变压器差动保护停用?**

答：(1) 差动保护二次回路及电流互感器回路有变动或进行校验时。

(2) 继电保护人员测定差动回路电流相量及差压时。

(3) 差动保护互感器一相断线或回路开路。

(4) 差动回路出现明显的异常现象。

(5) 误动跳闸。

**9-49　变压器长时间在极限温度下运行有哪些危害?**

答：一般变压器的主要绝缘是 A 级绝缘,规定最高使用温度为 105℃,变压器在运行中绕组的温度要比上层油温高 10~15℃,如果运行中的变压器上层油温总在 80~90℃左右,也就是绕组经常在 95~105℃左右,就会因温度过高使绝缘老化严重,加快绝缘油的劣化,影响使用寿命。

**9-50　变压器着火如何处理?**

答：发现变压器着火时,首先检查变压器的断路器是否已跳闸。若未跳闸,应立即断开各侧电源的断路器,然后进行灭火。如果油在变压器顶盖已燃烧,应立即打开变压器底部放油阀门将油面降低,并往变压器外壳浇水使油冷却。如果变压器外壳裂开着火,则应将变压器内的油全部放掉。扑灭变压器火灾时,应使用二氧化碳、干粉或泡沫灭火枪等灭火器材。

**9-51 主变压器运行中呼吸器下方的小油盒中常会有气泡冒出，是否正常，为什么？**

答：由于环境温度和负荷上升较快，油温上升速度也较快，油的体积也会增大很快，引起储油柜上方的空间快速变小，空气被挤出储油柜从呼吸器下方油盒中排出，所以形成了这种冒泡的正常现象。

**9-52 电流互感器与电压互感器二次侧为什么不能并联？**

答：电压互感器是电压回路（是高阻抗），电流互感器电流回路（是低阻抗），若两者二次侧并联，会使二次侧发生短路烧坏电压互感器，或保护误动会使电流互感器开路，对工作人员造成生命危险。

**9-53 电流互感器、电压互感器发生哪些情况必须立即停用？**

答：（1）电流互感器、电压互感器内部有严重放电声和异常声。

（2）电流互感器、电压互感器发生严重振动时。

（3）电压互感器高压熔丝更换后再次熔断。

（4）电流互感器、电压互感器冒烟、着火或有异臭味。

（5）引线和外壳或绕组和外壳之间有火花放电，危及设备安全运行。

（6）严重危及人身或设备安全。

（7）电流互感器、电压互感器发生严重漏油或喷油现象。

**9-54 电流互感器、电压互感器着火的处理方法有哪些？**

答：（1）立即用断路器断开其电源，禁止用闸刀断开故障电压互感器或将手车式电压互感器直接拉出断电。

（2）若干式电流互感器或电压互感器着火，可用四氯化碳、砂子灭火。

（3）若油浸电流互感器或电压互感器着火，可用泡沫灭火器或砂子灭火。

**9-55 变压器的变压条件是什么？**

**答：**（1）并列条件：一次电压相同，二次电压也相同（变比相同）。若不相同，并列运行时将产生环流，影响变压器出力。

（2）百分阻抗相同（允许误差±10%）。若不相同，则变压器所带负荷不能按变压器的容量比例分配，阻抗小的变压器带的负荷较大，影响变压器带负载。

（3）接线组别相同。若不同将造成短路。

（4）并列变压器的容量比不应超过 3：1，因为不同容量的变压器阻抗值相差较大，负荷分配极不平衡，不宜并列运行。

**9-56 变压器呼吸器堵塞会产生什么后果？**

**答：**呼吸器堵塞，变压器不能进行呼吸，可能造成防爆膜破裂，漏油，以及进水或是假油面。

**9-57 变压器油面变化或出现假油面的原因是什么？**

**答：**变压器油面的正常变化决定于变压器油温，而影响变压器温度变化的原因主要有负荷的变化、环境温度及变压器冷却装置的运行情况等。若变压器油温在正常范围内变化，而油位计内的油位不变化或变化异常，则说明油位计指示的油位是假的。运行中出现假油面的原因主要有油位计堵塞、呼吸器堵塞、防爆管堵塞、通气孔堵塞等。

**9-58 为什么在一定的条件下允许变压器过负荷，原则是什么？**

**答：**在一定的条件下允许变压器短时过负荷，其原则是要保证其达到正常的使用寿命。变压器绕组的使用寿命与其工作温度及持续时间有关。温度高、持续时间长，其寿命要缩短；工作温度低，则其寿命相应要延长。变压器工作时其负荷一般是变动的，负荷有时小于额定负荷，这在一定的程度上可以允许变压器过负荷运行，使其平均寿命损失不低于正常使用寿命损失。另外，在事故情况下为了保证不间断供电，允许变压器按过负荷时间多带一些负荷，由于变压器通常欠负荷运行，且事故发生较少，故不致产生严重后果。

### 9-59　变压器绝缘老化的"六度法则"是什么？

**答：** 当变压器绕组绝缘温度在 $80\sim130℃$，温度每升高 $6℃$，其绝缘老化速度将增加 1 倍，即绝缘寿命就将低 $1/2$。

### 9-60　电压互感器故障对继电保护有什么影响？

**答：** 电压互感器二次回路经常发生的故障包括熔断器熔断，隔离开关辅助触点接触不良，二次接线松动等。故障的结果是使继电保护装置的电压降低或消失，对于反映电压降低的保护继电器和反映电压、电流相位关系的保护装置，譬如方向保护、阻抗继电器等可能会造成误动和拒动。

### 9-61　在带电的电压互感器二次回流上工作应注意什么？

**答：**（1）严格防止电压互感器二次短路和接地，工作时应使用绝缘工具，戴绝缘手套。

（2）根据需要将有关保护停用，防止保护拒动和误动。

（3）接临时负荷时，应装设专用隔离开关和可熔断路器。

### 9-62　变压器运行中发生哪些情况时应立即将其紧急停运？

**答：**（1）变压器瓷套管严重破损和有放电现象或爆炸，瓷套管端头接线开断或熔断时。

（2）变压器着火冒烟时。

（3）变压器渗漏油严重，油面下降到气体继电器以下时。

（4）变压器防爆膜破裂且向外喷油时。

（5）变压器的释压器动作喷油（主变压器、高压厂用变压器、0 号启动备用变压器）时。

（6）变压器油色变化过度发黑，油内出现游离碳时。

（7）变压器本体内部有异常声响，且有不均匀的爆裂声时。

（8）变压器无保护运行（直流系统瞬时接地和直流熔断器熔断及接触不良，但能立即恢复者除外）时。

（9）当发生危急变压器安全的故障，而变压器保护或断路器故障拒动时。

（10）变压器轻瓦斯动作发出信号，收集排放的气体检查鉴定为可燃性气体或黄色气体时。

（11）变压器电气回路发生威胁人身安全或设备安全的危急情况，而不停运变压器无法隔离电源时。

（12）变压器在正常负荷及正常冷却条件下，环境温度无异常变化，但油温在不正常升高并超过最高温度允许值，且查明温度表指示正确时。

（13）变压器附近的设备着火、爆炸或发生其他情况对变压器构成严重威胁时。

**9-63　简述变压器温度异常升高的原因及处理方法。**

**答：**原因：

（1）冷却系统故障。

（2）环境温度异常变化。

（3）测温装置异常。

（4）变压器过负荷运行。

（5）变压器油箱油位低于正常范围。

（6）变压器内部可能局部过热。

处理方法：

（1）检查变压器的负荷和冷却介质的温度，并与在同一负载和冷却介质温度下正常的温度进行核对。

（2）检查冷却装置运行是否正常，油泵、风扇是否运行良好，油流继电器指示是否正确。

（3）对 SCB10 系列干式变压器，应检查其冷却风扇运行是否正常，冷却电源供电是否正常。

（4）对变压器进行全面检查，核对变压器就地温度表与集控远方测温表指示是否一致，在条件允许的情况下，应校对温度表指示是否准确。

（5）若温度升高的原因是由于冷却系统故障，且在运行中无法排除者，应将变压器停运消除；若不能立即停运消除，则值班人员应按该变压器负载和温度的允许值监视运行。

（6）变压器温度升高且被认为变压器已发生内部故障，应立即将变压器停运。

（7）变压器在各种超额定电流方式下运行，若顶层油温超过最高允许温度时，应立即降低负载。

（8）若因变压器油位低引起变压器温度升高，应联系检修人员补油，做好相关的技术和安全措施。

**9-64　简述变压器油位不正常的原因及处理方法。**

**答：**原因：

（1）环境温度异常变化。

（2）呼吸系统异常。

（3）本体有渗、漏油。

（4）变压器油位指示器指示异常。

处理方法：

（1）变压器中的油因低温凝滞时，应适当减少冷却器运行，同时监视顶层油温，逐步增加负荷，直至投入相应数量的冷却器，一切转入正常运行。

（2）当变压器的油面较当时油温所对应的油位相比有明显降低时，应查明原因。

（3）当油位计的油面异常升高或呼吸系统有异常，油位高出油位计指示时，应汇报值长联系检修人员及时放油，保持正常油位运行，同时应查明油位异常升高的原因，需要放气或放油时，应先将重瓦斯改投"信号"，防止重瓦斯保护误动。

（4）因环境温度变化而使油位升高或降低并超出极限值时，应汇报值长联系检修人员及时放油或加油，保持正常油位运行；在放油或加油时应将变压器的重瓦斯保护出口压板改投"信号"位置，此时变压器其他主保护均应投入运行，放油或加油结束待变压器本体内的气体全部排出后，再将变压器重瓦斯保护出口压板改投跳闸位置。

（5）若大量漏油引起油位迅速下降时，此时禁止将重瓦斯保护改投"信号"。

（6）若漏油是由某种冷却装置所致，应退出该组冷却装置的运行，关闭其进出口油路阀门，并应严密监视变压器的油位和温度的变化情况。

**9-65 简述变压器轻瓦斯信号发讯的原因及处理方法。**

**答：**原因：

（1）气体继电器内有气体进入。

（2）变压器有较严重的渗漏油。

（3）瓦斯保护二次回路有故障。

（4）变压器内部有故障。

处理方法：

（1）检查是否由于变压器过滤油、加油或冷却器不严密导致空气侵入，此时应停止滤油、加油或将泄漏冷却器停运、隔离，同时将气体继电器内的气体排出，并做好记录。

（2）检查是否由于环境温度异常变化导致油位下降或渗漏油引起油面过低，此时应汇报值长联系检修人员处理。

（3）检查变压器温度变化情况，确证变压器内部有无异常声音和放电声响。

（4）若轻瓦斯信号的发出是因空气侵入引起的，并无加油、过滤油或冷却器泄漏等，而轻瓦斯保护频繁动作信号接连发出，且时间间隔逐渐缩短时，应将该变压器降低负荷运行，同时要做好变压器跳闸的事故预想；若高压厂用变压器出现这种现象，应将负荷切换备用段接带，汇报值长将其停运，联系检修维护人员进行检修处理。

（5）若气体继电器内有气体，应联系化学有关人员取样化验，记录气量，观察气体的颜色，试验气体是否可燃，并取气体和油样做色谱分析，根据分析结果综合判断变压器故障的性质。

（6）若经化学有关人员取样分析、色谱分析判断气体为空气，则变压器可继续运行，及时消除进气缺陷。

（7）经化学有关人员取样分析、色谱分析判断气体继电器内气体是可燃的或油中溶解气体分析结果异常，应综合判断确定变压器是否停运。

（8）若轻瓦斯保护动作不是由于油位下降或空气侵入而引起的，应进行变压器油的闪点试验或色谱分析，若闪点较前次试验低5℃以上或低于135℃，则证明变压器内部有故障，应将该变压器停运并汇报值长，联系检修维护人员进行检查处理。

（9）对照变压器所取气样化验特性与故障性质对照表。

（10）经上述检查未发现异常，应检查二次回路，确定是否为误发信号。

（11）变压器因瓦斯保护动作而停运后，其冷却装置也应随之停运。

**9-66　简述变压器差动保护、速断保护的动作原因及处理方法。**

**答：**原因：

（1）变压器本体或所属回路发生故障，保护装置动作。

（2）变压器所接负载回路发生故障，保护越级动作。

（3）变压器所属系统发生故障，保护动作。

（4）保护回路故障或保护误动。

（5）人员误操作或误动引起断路器跳闸。

处理方法：

（1）若380V低压厂用系统变压器跳闸，在查明变压器各侧断路器确在断位后，立即手动合闸母联断路器，尽快使380V低压厂用母线供电正常。

（2）检查变压器差动保护（速断保护）范围内的所有电气设备，有无短路、闪络和损坏痕迹。

（3）检查防爆膜有无破裂、释压器是否动作，有无喷油现象，变压器外观有无变形等。

（4）检查变压器油位、油色、油温有无异常。

（5）断开变压器各侧隔离开关（应注意检查各侧断路器确已跳开），测量变压器绝缘电阻并由检修人员测量变压器直流电阻是否正常。

（6）对变压器差动（速断）保护回路由保护人员进行检查，确认是否误动。若为保护误动，汇报值长，请示总工批准后解除差动（速断）保护，此时变压器的其他保护必须投入，将变压器投入运行。

（7）经上述检查未发现问题时，汇报值长，请示总工批准后进行充电试验。

（8）对于主变压器，可由发电机做零起升压，检查正常后方可投入运行。

（9）对于其他变压器，可由检修人员进行检查、试验，无问题后，做全电压冲击试验，检查试运正常后方可投入运行。

**9-67　简述变压器重瓦斯保护动作的原因及处理方法。**

**答：**原因：

（1）变压器高、低压侧绕组发生严重短路。

（2）变压器铁芯绝缘严重损坏。

（3）电磁力造成变压器严重损坏大量喷油。

（4）变压器内部故障引起明火使内部压力急剧升高。

处理方法：

（1）检查变压器本体有无异常，以及防爆膜是否破裂或释压器是否动作喷油。

（2）油位计是否还有油位指示，储油柜、散热器、法兰盘垫及各油管路接头、焊缝是否因膨胀而损坏。

（3）若防爆膜、防爆管破裂且已喷油泄压，立即将防爆管口封闭以防止大量空气侵入变压器内部。

（4）若为释压器动作喷油泄压，可自动复位关闭阀门，但必须手动复归动作指示杆。

（5）检查气体继电器，协助化学试验人员收集瓦斯气体进行气体分析和色谱分析；判别瓦斯跳闸的故障原因，若发现问题，可针对性处理。对已发现有问题的变压器不经任何妥善处理决不允许将其送电投运。

（6）检查瓦斯保护及二次回路是否故障引起误动，若因误动所致，汇报值长，请示总工批准后退出瓦斯保护，将变压器投运，此时变压器的其他保护必须投入。

（7）在查明原因消除故障前，不得将变压器投入运行。

（8）经上述检查、分析、化验仍未发现问题且变压器各项电气试验均为合格，汇报值长，请示总工批准后进行充电试验。

（9）对于主变压器可进行发电机零起升压试验，试验合格后，方可投入运行。

（10）对于其他变压器，应由检修维护人员进行内部检查，由高压侧断路器做全电压冲击试验，确认无问题后，方可投入运行。

**9-68　简述厂用变压器过电流保护动作的原因及处理方法。**

答：原因：

（1）变压器所带母线故障引起越级跳闸。

（2）保护误动。

（3）后备保护范围内发生电气故障。

（4）人员误操作或误动引起断路器跳闸。

处理方法：

（1）复归跳、合闸断路器，检查变压器跳闸时有无系统冲击现象。

（2）若确定为变压器故障，应断开变压器高低压断路器，断开 PC 段所有负荷开关，通过联络断路器向失电 PC 段恢复供电。对于变压器过电流保护动作原因不清时，不允许通过联络断路器向失电 PC 段送电，防止事故扩大。

（3）若是变压器所带母线负荷故障引起变压器断路器越级跳闸，待故障负荷隔离后，将变压器投入运行。

（4）变压器后备保护（过电流保护）二次回路由保护班人员进行检查，确认保护动作是否正确。

（5）若详细检查变压器后备保护的范围未发现故障（如短路、变压器喷油、有烟味等）时，可汇报值长同意退出过电流保护，将变压器投入运行。

**9-69　为什么瓦斯保护不装设启动失灵？**

答：瓦斯保护动作后不能自动返回，因而装设启动失灵保护会有很大的误动可能，为防止误动所以不在变压器瓦斯保护上装设启动失灵。

**9-70　变压器二次突然短路有何危害？**

答：（1）巨大的电动力使绕组受到严重的机械损坏。

（2）迅速升温使变压器绝缘烧损。

### 9-71 变压器过负荷超过允许值时应如何处理？

**答：**（1）加强冷却，投入全部冷却器。

（2）监视变压器的温度和温升。

（3）注意过负荷运行各方面的参数不得超过允许值。

（4）调整变压器负荷，使过负荷降到正常允许过负荷值以下。

（5）有备用变压器的立即投入备用变压器运行。

### 9-72 低压厂用变压器跳闸如何处理？

**答：**（1）低压厂用变压器故障跳闸原因若为速断、温度高、速断、高压侧零序保护动作，可检查故障变压器高、低压侧断路器在断开位后，直接投入负荷侧母线联络断路器，串带跳闸变压器所带母线运行，然后对跳闸变压器进行全回路检查，消除故障点后方可恢复跳闸变压器运行。

（2）有明显的外部故障或二次回路故障造成跳闸的，在故障消除后，可不经过检查，将变压器重新投入运行。

（3）若为过电流或零序过电流保护动作，正常应进行过电流保护动作项目检查，若所带有重要负荷失电影响机组运行，汇报值长同意，可以将跳闸变压器试送一次。

### 9-73 变压器油色不正常时，应如何处理？

**答：**在运行中如果发现变压器油位计中油的颜色发生了变化，应取油样进行分析化验。若油位骤然变化，油中出现炭质，并存在其他不正常现象时，则应立即将变压器停止运行。

### 9-74 论述变压器的冷却方式与油温规定的关联性。

**答：**油浸变压器的通风冷却是为了提高油箱和散热器表面的冷却效率。装了风扇后与自然冷却相比，油箱散热率可提高 50%～60%。一般采用通风冷却的油浸电力变压器较自冷时可提高容量 30% 以上。因此，如果在开启风扇情况下变压器允许带额定负荷，在停了风扇的情况下变压器只能带额定负荷的 70%（即降低 30%）。否则，因散热效率降低，会使变压器的温升超出允许值。

规程上规定，油浸风冷变压器上层油温不超过 55℃ 时，可不开风扇在额定负荷下运行。这是考虑到在断开风扇的情况下，若上层油温不超过 55℃，即使带额定负荷，由于额定负荷的温升是一定的，绕组的最热点温度不会超过 95℃，这是允许的。

**9-75　小电流接地系统中，为什么采用中性点经消弧线圈接地？**

**答：**中性点非直接接地系统发生单相接地故障时，接地点将通过接地线路对应电压等级电网的全部对地电容电流。如果此电容电流相当大，就会在接地点产生间歇性电弧，引起过电压，从而使非故障相对地电压极大增加。在电弧接地过电压的作用下，可能导致绝缘损坏，造成电流两点或多点的接地短路，使事故扩大。为此我国采取的措施是当各级电压电网单相接地故障时，如果接地电容电流超过一定范围，就在中性点装设消弧线圈，其目的是利用消弧线圈的感性电流补偿接地故障时的容性电流，使接地故障电流减小以至自动熄灭，保证继续供电。

**9-76　变压器中性点是接地好，还是不接地好，中性点套管头上平时是否有电压？**

**答：**现代电力系统中变压器中性点的接地方式分为三种：中性点不接地；中性点经消弧线圈接地；中性点直接接地。

在中性点不接地系统中，当发生单相金属性接地时，三相系统的对称性不被破坏，在某些条件下，系统可以照常运行，但是其他两相对地电压升高到线电压水平。

当系统容量较大，线路较长时，电弧不能自行熄灭。为了避免电弧过电压的发生，可采用经消弧线圈接地的方式。在单相接地时，消弧线圈中的感性电流能够补偿单相接地的电容电流。这样既可保持中性点不接地方式的优点，又可避免产生接地电弧的过电压。

随着电力系统电压等级的增高和系统容量的扩大，设备绝缘费用占比越来越大，采用中性点直接接地方式可降低绝缘的投资。我国 110kV、220kV、330kV 及 500kV 系统中性点皆直接接地。在 380V 的低压系统，为便于抽取相电压，也直接接地。

**9-77　变压器中性点套管头上平时是否有电压？**

**答：**理论上讲，当电力系统正常运行时，如果三相对称，则

225

无论中性点接地方式如何，中性点的电压等于零。但是，实际上三相输电线路的电容不可能完全相等，如果不换位或换位不当，特别是在导线垂直排列的情况下，对于不接地系统和经消弧线圈接地系统，由于三相不对称，变压器的中性点在正常运行会有对地电压，对消弧线圈接地系统，还与补偿程度有关。对于直接接地系统，中性点电压固定为地电位，对地电压应为零。

### 9-78 突然短路对变压器有哪些危害？

**答：**当变压器一次加额定电压，二次端头发生突然短路时，短路电流很大，其值可达额定电流的 20～30 倍（小容量变压器倍数小，大容量变压器倍数大）。

强大的短路电流产生巨大的电磁力，对于大型变压器来说，沿整个线圈圆柱体表面的径向质量可能达几百吨，沿轴向位于正中位置承受压力最大的地方其轴向质量也可能达几百吨，导致线圈变形、崩断甚至毁坏。

短路电流使线圈损耗增大，并使其严重发热，导致线圈的绝缘强度和机械强度降低。若不及时切除电源，变压器就有可能烧毁。

### 9-79 变压器在什么情况下需要核相？

**答：**（1）新装、大修后，以及异地安装时。

（2）变动过内外接线或接线组别时。

（3）电缆线路、电缆接线变动或架空线路走向发生变化时。

变压器与其他变压器或不同电源线路并列时必须先做好核相，两者相序相同才能并列，否则会造成相序短路。

### 9-80 变压器的套管有何作用？套管脏污有何危害？

**答：**（1）套管是将变压器的高低压线圈引到油箱外部的装置。它的作用是绝缘和支撑固定引线。

（2）套管脏污易引起闪络，过强的闪络会引起断路器跳闸，降低了供电可靠性；闪络还会降低变压器套管的使用寿命，最终导致绝缘击穿。

### 9-81 变压器反充电有什么危害？

**答：**变压器出厂时，就确定了其作为升压变压器使用还是降压变压器使用，且对其继电保护整定要求做了规定。若该变压器为升压变压器，确定为低压侧零起升压。如从高压侧反充电，此时低压侧开路，由于高压侧电容电流的关系，会使低压侧因静电感应而产生过电压，易击穿低压绕组。若确定正常为高压侧充电的变压器，如从低压侧反充电，此时高压侧开路，但由于励磁涌流较大（可达到额定电流的 6～8 倍）。它所产生的电动力易使变压器的机械强度受到严重的威胁，同时，继电保护装置也可能躲不过励磁涌流而误动作。

### 9-82　变压器二次侧突然短路会对变压器造成什么危害？

**答**：变压器二次侧突然短路会有一个很大的短路电流通过变压器的高压和低压侧绕组，使高、低压绕组受到很大的径向力和轴向力，如果绕组的机械强度不足以承受此力的作用，就会使绕组导线崩断、变形以致绝缘损坏而烧毁变压器。另外在短路时间内，大电流使绕组温度上升很快，若继电保护不及时切断电源，变压器就有可能烧毁。同时，短路电流还可能将分接开关触头或套管引线等载流元件烧坏而使变压器发生故障。

### 9-83　变压器过励磁可能产生什么后果，如何避免？

**答**：变压器过励磁时，当变压器电压超过额定电压的 10%，将使变压器铁芯饱和，铁损增大，漏磁使箱壳等金属构件涡流损耗增加，造成变压器过热，绝缘老化，影响变压器寿命甚至烧毁变压器。

避免方法：

（1）防止电压过高，一般电压越高，过励情况越严重，允许运行时间越短。

（2）加装过励磁保护。根据变压器特性曲线和不同的允许过励磁倍数发出告警信号或切除变压器。

第十章

# 直 流 系 统 及 UPS

**10-1 直流母线电压过高或过低会产生哪些影响？**

**答：**直流母线电压过高容易使长期带电运行的电气元件，如仪表、继电器、指示灯等因过热而损坏；而电压过低又容易使保护误动或拒动，一般规定电压的允许变化范围为±10％。

**10-2 正常运行时 220V 直流母线电压规定为多少？事故情况下最低允许值为多少？**

**答：**220V 直流母线电压正常运行时应保持高于额定值 3％～5％，即应保持在 227～231V。

事故情况下直流母线电压一般不应低于额定值的 90％，即198V。直流母线电压过低时，可能使断路器、继电保护不能可靠动作。

为使蓄电池免遭损害，事故情况下还应保证每个电瓶电压不低于一小时率终止放电电压，即还应保证直流母线电压不低于放电电瓶数与一小时率终止放电电压所乘之积。

**10-3 何为蓄电池的"浮充方式"？**

**答：**充电后的蓄电池由于电解液及极板中有杂质存在，会在极板上产生局部放电，因此，为使电池在饱满的容量下处于备用状态，电池常与充电机并联接于直流母线上，充电机除担负正常负载外，还提供给电池适当的充电电流，这种方式称为浮充电。

**10-4 何为蓄电池的"均充方式"？**

**答：**以浮充电方式运行的电池长期运行中由于每个电池自放电不相等，但浮充电流是一定的，结果会使部分电池处于欠充电状态。为使电池能正常工作，每 1～3 个月对电池进行一次均衡充电，方法是将浮充电电流增大且持续一定时间，待比重较低的电池电压升高后，恢复正常浮充方式运行。

### 10-5 蓄电池为什么会自放电？

答：蓄电池自放电的主要原因是由于极板含有杂质形成局部的小电池，而小电池的两极又形成短路回路引起蓄电池自放电。另外，由于蓄电池电解液上下的密度不同，致使极板上下的电动势不均等，这也会引起蓄电池自放电。

### 10-6 为什么要定期对蓄电池进行充放电？

答：定期充放电也叫核对性放电，即对浮充电运行的蓄电池，经过一定时间要使其极板的物质进行一次较大的充放电反应，以检查蓄电池容量并可以发现老化电池，及时对其进行维护处理以保证电池的正常运行。定期充放电次数一般是每年不少于一次。

### 10-7 蓄电池的日常维护工作有哪些？

答：（1）清扫灰尘，保持室内清洁。

（2）及时检修不合格的老化电池。

（3）消除漏出的电解液。

（4）定期给连接端子涂凡士林。

（5）定期进行蓄电池的充放电。

（6）充注电解液，注意相对密度、液面、液温。

（7）记下蓄电池的运行状况。

### 10-8 直流系统运行时应巡视检查哪些项目？

答：（1）高频整理充电装置运行正常，无异声、异味，整流器显示输出电压（或电流）正常，无异常信号显示。

（2）充电器输出电压、母线电压为 232V。

（3）控制屏、负荷屏各开关把手位置与运行方式相符，备用充电器冷备用良好。

（4）装置各部元件无发热及其他异常现象。

（5）高频电源运行模块运行正常，"输入指示""输出指示"指示灯亮，其余报警灯不亮。

（6）蓄电池电压正常，蓄电池电流正常，母线电压正常。

（7）绝缘检测装置运行正常，无报警信号。

（8）高频整理充电装置交流输入开关合闸正常，氧化锌避雷器无变色。

（9）高频整流充电装置、LED面板无保护动作报警信号。

### 10-9　直流系统由哪些主要部件构成？

**答**：直流系统的主要构成部件有充电装置、电池组、微机监控器。

### 10-10　直流系统的作用有哪些？

**答**：由蓄电池和硅整流充电器组成的直流系统，在发电厂中为控制、信号、继电保护、自动装置及事故照明等提供了可靠的直流电源。它也为操作提供可靠的操作电源。直流系统的可靠与否，对变电站的安全运行起着至关重要的作用，是发电厂安全运行的保证。

### 10-11　蓄电池的作用有哪些？

**答**：蓄电池是一种既能把电能转换为化学能以便储存，又能把化学能转化为电能供给负载的化学电源设备。以若干蓄电池连接成蓄电池组作为电站的操作电源，不受电网运行方式变化的影响，在故障状态下仍能保证一段时间的供电，具有很高的可靠性。

蓄电池主要由容器、电解液和正、负电极构成。当外电路接通时，由于氧化还原的化学反应，正负极上有电子得失，有电流通过外电路为直流负荷提供电能。

### 10-12　简述蓄电池组的运行方式。

**答**：充电—放电式运行方式。这种运行方式就是对运行中的蓄电池组进行定期的充电，以保持蓄电池的良好状态。充电装置除充电时间以外是不工作的，在充电过程中除了向蓄电池供电外，还要担负经常负责直流用电，故充电设备必须有足够的容量。

按浮充电方式工作的蓄电池组经常处于充满电状态，只有当交流电源消失或浮充整流器故障时，才转化为长时间放电状态。蓄电池组除了在故障放电后要及时充电外，平时每个月也要进行一次充电，每3个月必须进行一次核对性放电与均衡充电，以保持其有效的功能。

**10-13 什么是 UPS，UPS 的作用是什么？**

**答：**UPS 是交流不停电电源的简称。

UPS 的作用：在正常、异常和供电中断事故情况下，均能向重要用电设备及系统提供安全、可靠、稳定、不间断、不受倒闸操作影响的交流电源。它广泛应用于发电厂及变电站计算机、热工仪表、监控仪表及某些不能中断供电的重要负荷，是不可缺少的供电装置。

**10-14 UPS 手动切换试验步骤有哪些？**

**答：**（1）断开主回路自动空气开关。

（2）检查 UPS 自动切换至电池模式。

（3）断开直流进线自动空气开关（注意的是，静态开关控制面板的特点是单电源直流切换至旁路时可能会短暂失电）。

（4）检查 UPS 自动切换至自动旁路模式。

（5）合上主回路自动空气开关。

（6）检查 UPS 自动切换至主回路。

（7）合上直流进线自动空气开关。

**10-15 简述直流互感器的工作原理及其用途。**

**答：**直流互感受器利用磁放大器原理，其一次侧直流电流与二次输出的直流电流接近正比关系。二次输出的交流电压经整流滤波，由电位器分压抽取加到直流放大器的输入端。这样一次侧大直流电流就可以用二次侧小电流来表示。

其用途主要用于电流测量、电流反馈、过载及短路保护等。

**10-16 两组直流母线并列的条件有哪些？**

**答：**（1）两系统电压一致。

（2）两系统无异常接地现象。

（3）两系统电源极性相同。

**10-17 蓄电池室检查项目有哪些？**

**答：**（1）蓄电池室的室内温度应保持在 16～32℃为宜，最高不应超过35℃，最低不低于5℃。

（2）门窗严密完整，墙上无脱落物，消防器材齐全，通风、照明良好。

（3）电瓶瓶体和支撑座完整、无裂纹，各接头连线无松动、过热、腐蚀现象。电解液液面高于极板10～15mm，极板无弯曲、短路、硫化现象，隔离物完整、无脱落。

### 10-18　充电装置正常运行时的检查项目有哪些？

**答：**（1）蓄电池充电装置正常在浮充状态，运行正常。

（2）电流、电压指示正常，各信号灯指示正常。

（3）整流装置声音正常，无异声，周围环境清洁。

（4）各电阻、电容运行正常，无过热及烧损现象。

（5）各继电器及控制装置完好；整流元件表面温度正常，无过热及破损现象。

（6）各断路器、隔离开关、熔断器、母线、电缆、连接导线等接触良好，无松动及过热现象。

### 10-19　关于直流系统绝缘电阻的规定有哪些？

**答：**（1）蓄电池绝缘电阻需用高内阻电压表测量，220V蓄电池绝缘电阻不得低于0.2MΩ。

（2）直流母线用500V绝缘电阻表测定绝缘电阻，其值不得低于10MΩ。

（3）直流系统（不包括蓄电池）的绝缘电阻不应低于0.5MΩ。

### 10-20　简述直流系统接地现象及查找方法。

**答：**直流接地现象：警铃动作，光字"直流接地"；直流母线对地电压一极升高或为母线电压，另一极降低或为零（接地极）。

直流系统接地查找方法：

（1）切换绝缘监察装置，确定接地极和检查绝缘状况。

（2）询问各运行岗位有无操作。

（3）切换有操作的支路。

（4）切换绝缘不良或有怀疑的支路。

（5）根据天气、环境以及负荷的重要性依次进行查找。

（6）选择浮充电装置。

（7）选择蓄电池及直流母线。

（8）查找出接地点后，应联系检修有关班组处理。

**10-21 220V 直流系统接地有哪些危害？**

**答：**直流系统接地应包括直流系统一点接地和直流系统两点接地两种情况。

在直流系统中，直流正、负极对地是绝缘的，在发生一极接地时由于没有构成接地电流的通路而不会引起任何危害，但一极接地长期工作是不允许的，因为在同一极的另一地点又发生接地时，就可能造成信号装置、继电保护或控制回路的不正确动作。发生一点接地后再发生另一极接地就将造成直流短路。

直流正极接地有可能造成继电保护误动作的原因是，一般跳闸线圈（如出口中间继电器线圈和跳、合闸线圈等）均接负极电源，若这些回路再发生接地或绝缘不良就会引起继电保护误动作。直流负极接地与正极接地道理相同，若回路中再有一点接地就可能造成继电保护拒绝动作，使事故越级扩大。

两极两点同时接地将跳闸或合闸回路短路，不仅可能使熔断器熔断，还可能烧坏继电器的触点。

**10-22 简述直流母线的短路现象及处理方法。**

**答：**现象：发生短路弧光，母线电压降低至零，蓄电池和浮充电装置电流剧增，蓄电池熔断器可能熔断，浮充电装置可能跳闸。

处理方法：

（1）将浮充电装置退出运行。

（2）检查蓄电池出口熔断器确已熔断，断开蓄电池出口开关的充电出口。

（3）更换蓄电池熔断器。

（4）将故障母线处理好后，恢复原系统。

**10-23 UPS 装置异常运行应如何处理？**

**答：**（1）检查 UPS 各电源各技术参数的运行工况是否在规定

的运行参数范围内，确定哪一路电源运行参数超出规定范围，然后对其进行针对性处理。

（2）若属于负荷支路过载，应及时汇报值长；若属于热机负荷支路过载，应联系热工检修人员进行减载处理；若属于电气负荷支路过载，应联系电气检修人员进行处理。

（3）若属于UPS装置本身故障需要停运处理时，应及时联系热工、电气检修人员，并做好UPS电源切换中的事故预想，准备工作做好后，运行人员方可进行UPS电源切换操作。

（4）在未处理前加强UPS系统监视，做好事故预想。

**10-24　蓄电池电解液温度过高、过低对蓄电池有何影响？**

答：蓄电池电解液温度超过一定界限时，易使正极板弯曲，同时增大了蓄电池局部放电；蓄电池电解液温度降低时，会引起蓄电池容量的减少。

**10-25　用瞬停方法查找直流接地故障时有时查不到接地点，原因是什么？**

答：当直流接地发生在充电设备、蓄电池本身和直流母线上时，用断开电路的方法是找不到接地点的。当直流采取环路供电方式时，如果不首先断开环路也是不能找到接地点的。除上述情况外，还有直流串电（寄生回路），同极两点接地，直流系统绝缘不良，多处出现虚接地点，形成很高的接地电压，在表计上出现接地指示。所以在拉路查找时，往往不能一下全部拉掉接地点，因而仍然有接地现象的存在。

**10-26　风电场直流系统一般有哪几个电压等级？**

答：风电场直流系统一般有两个电压等级，分别为220V、48V。

**10-27　造成直流系统接地的原因有哪些？**

答：（1）二次回路绝缘材料不合格、绝缘性能低或年久失修、严重老化。

（2）存在某些损伤缺陷，如各类机械性损伤或过电流回引起的烧伤等。

（3）二次回路及设备严重污秽和受潮及接地盒进水，使直流对地绝缘严重下降。

（4）小动物爬入或小金属零件掉落在元件上造成直流接地故障，如老鼠、蜈蚣等小动物爬入带电回路。

（5）某些元件有线头，未使用的螺栓、垫圈等掉落在带电回路上。

**10-28　哪些部位容易发生直流接地？**

**答：**（1）控制电缆线芯细，机械强度小，若施工时不小心，会伤到电缆绝缘，造成接地。

（2）室外电缆的保护铁管中容易积水，时间长了造成接地。

（3）变压器的气体继电器接线处因变压器渗油或防水不严，造成绝缘损坏接地。

（4）有些光字牌或照明的灯座，若更换灯泡不当，也易造成灯座接地。

（5）断路器的操作线圈等，若引线不良或线圈烧毁后绝缘破坏，易发生接地。

（6）室外开关箱内端子排被雨水浸入，室内端子排因房屋漏雨或做清洁打湿，均能造成接地。

（7）工作环境较恶劣的地方，设备端子受潮或积有灰尘等，造成绝缘降低引起接地。

**10-29　直流母线短路有哪些现象？如何处理？**

**答：**现象：

（1）出现弧光短路。

（2）直流母线电压降至零。

（3）蓄电池和整流装置电流剧增。

（4）蓄电池熔丝熔断，整流装置跳闸。

处理方法：

（1）断开整流装置的交流开关。

（2）断开整流装置的直流开关。

（3）若为整流装置短路，则应由蓄电池供给直流负荷，迅速查明原因，清除故障后将原系统恢复运行。

（4）若为母线短路，则应将母线停电，待故障消除，测绝缘合格后，将原系统恢复运行。

### 10-30　UPS 装置运行中有哪些检查项目？

**答：**（1）UPS 装置柜内应清洁、无杂物。

（2）开关、电缆各部接头无过热、松动、打火现象。

（3）装置运行无异常声响，无放电声音。

（4）装置冷却风扇运行良好，环境温度不超过 40℃。

（5）装置显示屏各信号灯、告警灯及告警声响正常。

（6）液晶显示仪上，电压、电流、功率、频率、负载等参数在规定范围内。

### 10-31　蓄电池的正常检查项目有哪些？

**答：**（1）各接头连接线无松动、打火现象。

（2）电瓶瓶体完整，无裂纹、腐蚀现象。

（3）电瓶各密封处无漏酸。

（4）电瓶无过热、膨胀现象。

### 10-32　蓄电池着火应如何处理？

**答：**（1）立即断开蓄电池出口开关。

（2）及时转移直流负荷或倒母线，防止保护误动。

（3）用二氧化碳灭火器或干粉灭火器灭火，注意防酸。

### 10-33　UPS 系统正常运行时共有几种工作模式？

**答：**UPS 系统正常运行时有三种工作模式，即正常运行模式、蓄电池运行模式、自动旁路运行模式。在主机故障或检修维护时还有手动旁路模式。

### 10-34　简述整流器输入电压的允许变化范围和允许频率变化范围。

**答：**整流器输入电压的允许变化范围是$-15\% \sim 10\%$的额定输入电压。允许频率变化范围是不大于额定输入频率的$\pm 6\%$。

### 10-35　简述逆变器在功率因数（$\cos\varphi$）的运行范围。

**答：**要求光伏并网逆变器的功率因数输出为 1，并可在 0.8 超前与 0.8 滞后之间进行调节。

**10-36 直流系统输出电压的状态分哪几种？**

**答：**直流系统输出电压具有短充、均充、浮充三种状态。整个电压稳定调节范围在 180～320V 连续无级可调，单只模块输出电流为 20A。

**10-37 蓄电池的种类有哪些？**

**答：**蓄电池根据采用的电解液和电极材料的不同，可分为酸性蓄电池和碱性蓄电池二种。

**10-38 简述蓄电池单体电池充电、放电电压的范围。**

**答：**蓄电池单体电池浮充电电压在 2.25～2.3V，单体电池均衡充电电压在 2.33～2.40V，放电终止电压为 1.8V。

**10-39 UPS 装置模拟面板包含的系统有哪些？**

**答：**UPS 装置模拟面板包含控制和显示系统。

**10-40 简述 UPS 的操作要领。**

**答：**UPS 在开机操作中，必须在系统初始化完成后才能合上直流开关，防止蓄电池铅丝熔断。

**10-41 简述 UPS 的维护方法。**

**答：**当 UPS 主机设备需要进行维护，用户可以先手动切至旁路工作，再合上手动维修旁路开关，接着关机后断开输出开关和主断路器、电池开关、旁路开关，这样提供给负载的交流电在该切换过程中不会发生中断。

**10-42 简述 UPS 整机开机步骤。**

**答：**(1) 检查确认 UPS 柜整洁，接线完好，工作电源正常。

(2) 合上 380V 站用 PC A 段供 UPS 旁路电源开关。

(3) 合上 380V 站用 PC B 段供 UPS 工作电源开关。

(4) 合上旁路输入开关。

(5) 合上旁路输出开关，等待 UPS 面板上显示"UPS OFF"，然后按面板上的 BATT 键，查看直流电压值（应该上升到 270V 左右）。

（6）合上主路输入开关。

（7）将直流 220V 母线联络屏中 UPS 进线开关 QF2 由"断开"位置切至"指向直流Ⅱ段母线"或"指向直流Ⅰ段母线"。

（8）在直流 220V 母线联络屏中合上 UPS 进线开关 QF1。

（9）合上 UPS 直流输入开关 QF2。

（10）按面板上"ON/OFF"键一下，直到显示"UPS OK"为止（此过程约持续 60s 左右），此时开机完成。

（11）合上 UPS 交流输出开关 QF5。

### 10-43  简述 UPS 的整机关机步骤。

**答：**（1）检查所有负荷，做好停电技术措施。

（2）拉开 UPS 所有负荷开关 QFB1～QFB20。

（3）断开 UPS 交流输出开关 QF5。

（4）按两下面板上的逆变开关按钮，此时面板显示"UPS OFF"。

（5）拉开 UPS 直流输入开关 QF2。

（6）拉开 UPS 主输入电源开关 QF1。

（7）拉开 UPS 旁路输出开关 QF3。

（8）拉开 UPS 旁路输入开关 QF6。

（9）拉开直流 220V 母线联络屏中 UPS 进线开关 QF1。

（10）将 380V PC 段 UPS 旁路开关 4D 拉至检修位置。

（11）将 380V PC 段 UPS 主输入开关 8C 拉至检修位置。

### 10-44  简述 UPS 系统的运行方式。

**答：**正常运行中，UPS 三路电源均应送上，UPS 提供连续可靠的电压和频率稳定的 220V 交流电。

正常运行：交流输出（整流器的工作电源）经过输入隔离变压器、整流器、逆变器、输出隔离变压器、静态开关供给配电柜（负载）。

直流运行：在交流工作电源电压下降或输入隔离变压器、工作整流器故障时，直流电源经逆变器、输出隔离变压器、静态开关供给负载。

旁路运行：在工作电源故障，而电池放电接近电压的下限或逆变器发生故障时自动转入旁路运行。当 UPS 进行检修工作时，采用先合后断的方法转为手动维修旁路开关运行。

交流工作电源部分、直流电源部分、旁路系统均可进行自动切换，而保证负荷稳定连续不间断供电。

**10-45　UPS 系统投运前的检查项目有哪些？**

**答：**（1）检查 UPS 系统所有的检修工作结束，工作票收回，安全措施全部拆除，并有维护人员可以投运的书面交代。

（2）检查 UPS 系统主柜内外及周围清洁、无杂物。

（3）检查一、二次回路接线紧固，各连接端子无松动，保护接地线接地牢固。

（4）测量各回路的绝缘是否合格。

（5）在 UPS 柜内，检查旁路交流电源开关在断开（中间）状态。

（6）在 UPS 柜内，检查工作电源开关、直流电源开关、手动旁路开关在断开位置。

（7）检查 UPS 系统控制和运行状态指示面板上的按键完好、标志清晰。

（8）检查 UPS 系统显示单元上的显示屏及按键完好，各按键标志清楚。

**10-46　关于 UPS 系统运行的规定有哪些？**

**答：**（1）UPS 负荷开关必须标识清楚，运行时不得随意拉合开关。

（2）机房环境必须洁净且有空调系统，正常工作环境温度在 5～25℃。

（3）禁止在 UPS 上方放置任何东西，以免影响系统通风。

（4）禁止在 UPS 周围摆放杂物，以免影响通风，对系统造成损害。

（5）UPS 前门必须上锁，只有运行操作人员或维护人员才可开启前门，进行操作或维修。

（6）UPS 正常运行时，严禁合上 UPS 维修旁路开关 QF4，当旁路静态旁路开关或 UPS 主系统发生故障或需要维护时，将 UPS 维修旁路开关 QF4 合上。

**10-47　UPS 系统运行中的检查与维护项目都有哪些？**

**答：**（1）运行人员每班应对 UPS 装置进行检查，装置应无异声、振动、异味，指示灯与测量仪表指示正确，风扇运行正常。检查 UPS 室温度正常。

（2）运行人员可通过屏上选择按钮测量输入交流电压、频率和输出电压、频率，注意选测时，同一组按钮不得同时被按下两个或两个以上。

（3）逆变器切至直流（蓄电池）连续供电一段时间后，当直流（蓄电池）电压接近极限时，UPS 告警，此时应停下逆变器，由旁路供电。

（4）逆变器故障消除后，装置电源自动返回逆变器方式。

（5）当逆变器与旁路同步时，不论逆变器切旁路，还是旁路切回逆变器，均实现不间断切换。

（6）UPS 三路电源开关均合好，且电源正常。

（7）手动维修旁路开关在断位。

（8）稳压（旁路）隔离开关至稳压位置，且合好。

**10-48　发生哪些故障逆变器将停止，此时 UPS 装置自动切换为由旁路供电的运行方式？**

**答：**（1）逆变器低电压。

（2）逆变器过电压。

（3）逆变器故障。

（4）直流电压故障。

（5）风扇故障。

**10-49　发生哪些故障逆变器将停止，此时 UPS 装置实现由正常运行向维修旁路切换？**

**答：**（1）确认同步灯和旁路灯绿灯亮，否则不可以进行操作。

（2）连续按"B/P"键两次，此时，"B/P"红灯亮，声音报警。

（3）合上 UPS 维修旁路开关 QF4。

（4）按两下面板上的逆变开关按钮，此时面板显示"UPS OFF"。

（5）拉开 UPS 直流输入开关 QF2。

（6）拉开 UPS 主输入电源开关 QF1。

（7）拉开 UPS 旁路输出开关 QF3。

注意的是：由于 UPS 上有旁路总开关 QF6，该开关不能关断，否则会失电。

**10-50 发生哪些故障逆变器将停止，此时 UPS 装置实现由维修旁路向正常运行状态自动切换？**

**答：**（1）确认输出开关断开。

（2）合上旁路输入开关 QF6。

（3）合上旁路输出开关 QF3，等待 UPS 面板上显示"UPS OFF"，然后按面板上的 BATT 键，查看直流电压值（应该上升到 270V 左右）。

（4）合上主路输入开关 QF1。

（5）合上 UPS 直流输入开关 QF2。

（6）按面板上"ON/OFF"键一下，直到显示"UPS OK"为止（此过程约持续 60s 左右）。

（7）确认现在机器是否在旁路运行，旁路"BYPASS"红灯必须常亮。若不是则按 B/P 键两次，UPS 切换到旁路状态。

（8）确认正常。

（9）合上 UPS 交流输出开关 QF5。

（10）断开维修旁路开关 QF4。

（11）按一次 BP 键，UPS 切换到逆变状态。

（12）确认正常。

（13）确认负载由逆变器供电。

**10-51 简述 UPS 系统指示灯的含义。**

**答：** UPS 系统指示灯含义见表 10-1：

表 10-1　　　　　　　　UPS 装置 LED 灯指示及含义

| 指示内容 | 指示灯颜色 | 含义 |
|---|---|---|
| BYPASS/旁路 | 绿色 | 旁路正常 |

| 指示内容 | 指示灯颜色 | 含义 |
|---|---|---|
| B/P/旁路工作 | 红色 | 输出在旁路 |
| OVERLOAD/过载 | 红色 | 过载 |
| BATTERY/电池 | 红色 | 电池电压低或电池测试失败 |
| SYNC/同步 | 绿色 | 逆变器同步 |
| CHARGER/整流器工作 | 绿色 | 整流/充电器工作 |
| INVERTER/逆变器工作 | 绿色 | 逆变器工作正常 |
| INV/逆变器输出 | 绿色 | 输出在逆变器 |
| LOAD LEVEL/负载量 | 绿色 | 负载量 |
| LOAD LEVEL/负载量 | 红色 | 负载超过 100% |

### 10-52 简述站用直流系统的投运步骤。

**答：** 直流系统启动前的准备：

（1）检查各直流屏柜接地良好。

（2）检查蓄电池组的各蓄电池开路电压合格。

（3）用 500V 绝缘电阻表依次测试充电柜交流进线、直流输出线与机柜接地线之间的绝缘电阻大于 10MΩ。

（4）用 500V 绝缘电阻表测试各模块的绝缘电阻大于 100MΩ。

（5）用 500V 绝缘电阻表测试直流母线与机柜接地线之间的绝缘电阻大于 10MΩ。

（6）用 500V 绝缘电阻表依次测试各直流负荷与机柜接地线间绝缘电阻大于 10MΩ。

直流母线投运前的检查：

（1）检查直流母线及相关设备的检修工作结束，工作票收回，临时安全措施拆除，并有维护部人员可投入运行的书面交代。

（2）检查直流配电屏内及周围清洁无杂物，各固定螺栓紧固。

（3）检查全部开关均在断开位置。

蓄电池组投运前的检查：

（1）检查继电保护室干燥、通风、照明充足、消防等附属设施齐全。

（2）检查蓄电池接线柱颜色正常，无短路、弯曲现象。

（3）检查蓄电池各接头连接紧固，无腐蚀。

（4）检查蓄电池表面清洁，摆放平稳，无倾斜、破损现象。

**10-53 站用直流系统运行中的规定有哪些？**

**答：**（1）直流 220V 母线电压应维持在 230V 左右，以确保单个蓄电池的浮充电压在 2.23~2.27V。

（2）充电柜应工作在室温为 -10~40℃ 的环境中，空气相对湿度平均不超过 90%（日平均不大于 95%），周围应没有导电及易爆尘埃，没有腐蚀金属和破坏绝缘的气体及蒸汽。

（3）蓄电池组和充电柜并列运行，由充电柜给正常负荷供电，并以浮充电流向蓄电池浮充电，蓄电池作为冲击负荷和事故负荷的供给电源。

（4）直流母线不许脱离蓄电池运行。

（5）两台充电柜不宜长期并列运行，但工作充电柜互相切换时，可遵守"先并后断"的原则。

（6）在未接入蓄电池组时，严禁用"均充电"方式启动充电柜。

（7）两组蓄电池不宜并列运行，严禁两组母线通过不同极性接地时并列运行。

（8）当任一母线的充电柜发生故障，必须停用故障充电柜，核实无误后方可投入母联开关。

（9）直流系统运行时，绝缘监测装置应投入运行。

**10-54 站用直流系统运行中的检查及维护项目都有哪些？**

**答：**（1）充电柜的检查。

1）隔离开关、断路器接触良好，无发热。

2）柜内设备连接牢固，接头无松动、发热现象。

3）柜内熔断器无熔断。

4）各模块面板上的显示屏无花屏，数值无异常跳跃性变化。

5）各开关位置与实际运行方式相同，均/浮充指示在浮充位置。

6）同一柜内各模块输出电压、电流一致，均流不平衡度不大于±5％。

7）模块工作状态"运行"指示灯闪烁。

8）监控模块无"输入缺相保护""输入过电压保护""输入欠电压报警""输出过电压保护""输出欠电压报警""输出短路保护"动作信号。

（2）直流屏及接地检测装置的检查。

1）各隔离开关、断路器接触良好，无发热。

2）母线电压及指示灯指示正确。

3）熔断器无熔断，接头无发热。

4）接地检测装置监测到的正负母线对地电压和绝缘电阻正常，按键开关位置正确，无报警信号。

（3）蓄电池的检查。

1）外观整洁，无损坏、渗漏，各接头连接牢固，无松动、发热。

2）蓄电池体无变形及发热现象。

3）各蓄电池间浮充电压差小于±50mV。

4）蓄电池室地面清洁，通风及照明良好。

5）蓄电池室室温应经常保持在 15～25℃。

**10-55 简述站用直流系统的停运步骤。**

**答：**在需要完全停机的情况下，一般按下列步骤进行：

（1）断开 220V 直流母线所带的所有负荷开关。

（2）断开与 220V 直流母线连接的蓄电池控制开关或熔断器，蓄电池脱离 220V 直流母线系统。

（3）断开充电机直流输出开关。

（4）断开充电机组交流电源开关。

（5）断开 380V 交流配电屏电源进线开关。

（6）检查 220V 直流母线电压指示为零。

**10-56 简述站用直流系统发生异常的情况及处理方法。**

**答：**（1）直流母线电压高报警：

现象：WJY3000A 直流监控单元"母线超压"报警。

处理方法：检查母线电压、充电柜电流，以判断电压高的原因，若是因充电柜输出太大引起的，则应降低其输出，使母线电压恢复正常。若是因充电柜故障引起的，则将工作充电柜停用，倒换运行方式。

（2）直流母线电压低报警：

现象：WJY3000A 直流监控单元"母线欠电压"报警。

处理方法：检查母线电压，充电柜输出电流及蓄电池电流以判断异常的原因，若是因负荷过大引起的，应提高充电柜输出，维持母线电压正常。若因充电柜故障或充电柜失去交流电源致使蓄电池放电过大，导致直流母线电压严重降低时，则应迅速恢复充电柜电源，或者停用故障充电柜，直流母线切换至备用充电柜。

（3）直流系统接地故障：

现象：某直流段接地信号触发故障报警信号，监控装置报警。

处理方法：在监控装置显示接地支路后，经场长同意可对接地支路进行试拉，以确定该回路是否真正接地。当两段母线并列运行，仅有一台接地检测仪投运的情况下，若检测仪指示为联络支路接地，则需调换另一台接地检测仪继续巡检，直至检测到接地支路为止。

## 10-57 处理直流接地时的注意事项有哪些？

答：（1）220V 直流系统正、负极对地电压绝对值低于 40V 或绝缘降低到 25kΩ 以下，应视为直流系统接地。

（2）发生直流接地时，停止直流回路上所有其他工作，以免造成两点接地或短路等异常情况。

（3）直流系统接地后，应立即查明原因，根据接地选线装置指示，选择接地当时有工作的回路，根据天气环境以及设备的自然条件位置，依次进行查找，找出接地故障点，并尽快消除。继电保护、操作及动力直流回路放到最后查找，并做好必要的事故预想及处理措施。

（4）使用拉路法查找直流接地时，至少应有两人进行，一人试拉（断开直流时间不得超过 3s），另一人严密监视接地信号变化情况，以判断接地是否由该路引起。

（5）拉路应先选择容易接地的回路，依次选择事故照明，防误闭锁装置回路，户外合闸回路，户内合闸回路，380V 和 35kV 控制回路等，主控制室信号回路，主控制室控制回路，整流装置和蓄电池回路。

（6）在对支路进行试拉时，应考虑相关的继电保护，采取避免开关、装置误动的措施，防止运行设备因直流选接地而停运，必要时可会同继电保护人员一起进行处理。

（7）查出接地支路后，应继续对支路上的负荷进行逐一试拉，直至找出接地盘柜后，立即进行处理，因现场有困难无法处理的，应通知维护人员进行处理。

（8）对电源设备进行试拉时，应保证母线不会失去电源，不得将接地系统和非接地系统并列，严禁将两个接地系统并列。

（9）禁止采用将未接地的一极人为接地，烧焦接地处，来寻找接地点的方法。

（10）查找和处理直流接地时，工作人员应戴线手套、穿长袖工作服。应使用内阻大于 $2000\Omega/V$ 的高内阻电压表，工具应绝缘良好。防止在查找和处理过程中造成新的接地。

（11）设备启动前，各直流段应全部无接地信号，直流系统绝缘合格，否则不能投入运行。

**10-58 简述充电柜异常的现象及处理方法。**

**答：** 现象：监控模块报充电模块过电流/断相故障。

处理方法：观察充电柜各模块面板报警指示灯，检查集中监控器的信号指示，判断报警原因。如果是过电流报警，应检查电流数值是否超限，若报警消失，则允许继续运行。若报警未消失，应停用该充电模块。如果是断相报警，充电模块自动停止，应检查是哪只熔断器熔断及柜内元件是否有短路现象，若无明显短路迹象，可调换熔断器，重新启动充电模块；若情况正常，则允许继续运行；若柜内有短路痕迹或调换熔断器后仍报警，则停用该充电模块。

**10-59 简述阀控蓄电池壳体异常的原因及处理方式。**

答：原因：

（1）浮充电电流过大，充电电压超过了 2.35V。

（2）内部有短路或局部放电，温升超标，阀控失灵。

（3）均衡充电电流过大，充电电压超过了 2.40V。

（4）放电后的充电初期充电电流过大，超过 $0.2C_{10}$。

处理方法：减少充电电流，降低充电电压。如果电池本体因内部故障出现短路或开路，应将该电池从电池组中退出并隔离。

**10-60 站用直流系统反事故措施有哪些？**

答：（1）蓄电池在浮充运行中端电压出现异常，如单体蓄电池实测端电压和平均值相差大于 50mV，如果电池组中出现 3 只以上，应进行 1 次均衡充电。

（2）新安装的阀控蓄电池组应进行全核对性放电，以后每隔 2～3 年进行 1 次核对性放电试验。运行 6 年以后的阀控蓄电池组，应每年做 1 次核对性放电试验。

（3）浮充电运行的蓄电池组，除制造厂有特殊规定外，应采用恒压方式进行浮充电。浮充电时，严格控制单体电池的浮充电压上、下限，防止蓄电池因充电电压过高或过低而损坏。

（4）对浮充电运行的蓄电池组应严格控制，其所在蓄电池室环境温度不能长期超过 30℃，防止因环境温度过高使蓄电池容量严重下降，缩短运行寿命。

（5）每 3 年对充电、浮充电装置进行全面检查，校验其稳压、稳流精度和纹波系数，不符合要求的，应及时对其进行调整以满足要求。

（6）防止直流系统误操作，直流母线在正常运行和改变运行方式的操作中严禁脱开蓄电池组。

（7）加强直流系统的防火工作。直流系统的电缆应采用阻燃电缆，2 组蓄电池的电缆应分别铺设在各自独立的通道内，尽量避免与交流电缆并排铺设。在穿越电缆竖井时，2 组蓄电池电缆应加穿金属套管。

**10-61 什么是通信直流操作"系统开机"?**

答：（1）确保系统所有开关（除防雷开关）已断开，包含监控单元的输入开关。

（2）检查交流输入总开关输入端电压是否正常，用万用表测量三相线对中性线电压是否在正常范围，确保中性线无脱落。

（3）合上交流输入总开关，测量整流模块配电开关前输入电压是否正常。

（4）上述正常后，启动整流模块，注意其能否正常启动（以每个模块单独启动为佳）。

（5）合上监控单元的电源开关，观察系统各项指标是否正常。

（6）没有异常情况，可先关闭交流输入总开关，接上负载，重新开启系统。

（7）如果正常，可再接上蓄电池，进一步观察监控单元提供的系统信息，检查均流情况，对告警及故障及时处理。若无法解决，及时联系维护部处理。

**10-62 什么是通信直流操作"系统关机"?**

答：在需要完全停机的情况下，一般按下列步骤进行：

（1）断开负载及电池控制开关或熔断器，使负载和电池脱离系统。

（2）断开整流模块和监控单元的开关。

（3）断开系统的交流输入总开关。

（4）拔出整流模块。

**10-63 操作整流器的备用方式是什么?**

答：如果系统的输出电流负载很小，整流模块可冷热备用工作，运行人员依据实际运行情况进行选择。冷备用是指把模块从插箱抽出后放置在安装位置上，待需要投入运行时推入即可，可把整流模块从系统上取下妥善保存。也可使系统的所有整流模块处于接入运行状态，实现热备用。

**10-64 简述整流模块的扩容步骤。**

答：（1）根据三相负载均衡和有利散热的原则，选择插箱位置。

（2）拆掉假面板。

（3）将整流模块缓慢推入插槽。

（4）通过监控观察通信、均流效果。

（5）确认无异常，固定好前面板螺钉。

### 10-65 整流模块风机发生故障时如何更换？

**答：**（1）从机柜前面旋开固定整流模块的螺钉，把整流模块从系统中取下。

（2）旋开整流模块上固定前面板的四颗螺钉，取下前面板。

（3）拔下和风机连线的插座，旋开固定风机的四颗螺钉。

（4）把新风机固定好，插上插头，重新规范安装前面板。

（5）将整流模块推入系统，若无异常，则拧紧固定整流模块的螺钉。

### 10-66 系统正式运行后，一般不允许断电，新增负载应如何操作？

**答：**（1）选定容量合适的负载分路，断开该分路的熔断器或断路器以及负载开关。

（2）布放负载连接电缆，做好编号和极性标志。

（3）从负载端开始，先连接正端，后连接负端。

（4）检查连接线的极性，确认负载开关在断开状态，确保无短路现象。

（5）合上选定分路的熔断器或断路器。

（6）在负载端检查电源电压和极性是否正常。如果正常，可合上负载的开关，供电开始。

（7）通过监控单元系统信息下的遥测菜单观察电流是否在正常范围内。

### 10-67 整流模块停电后如何处理？

**答：**如果停电时间不长，可由蓄电池直接供电；交流电源恢复时，为防止因网内众多设备同时启动造成电压过高、过低或者频率变动过大使电源质量下降，应提前关掉系统交流输入开关，待来电稳定 2min 或 3min 后，再合上开关，可减少对整流模块的冲击和损坏。

### 10-68 交流过、欠电压保护告警如何处理？

**答**：对于交流过、欠电压，系统设有告警，整流模块设有关机保护。对于保护设计有回滞宽度（15±5）V 的情况下，只有当输入电压完全正常后，整流模块才能启动。若遇到交流输入电压过高（达 380V），一般为中线相线错接或搭接，则要做详细检查，但因整流模块设有过电压切断保护，相关问题排除后即可开机。

### 10-69 直流配电短路如何处理？

由于操作不当或地震等人为或自然因素造成的直流配电短路会造成蓄电池急剧放电，影响通信的安全，但整流模块内部却因有保护不会损坏。此时，应切断交流供电，将蓄电池强制从系统中分离，利用蓄电池或整流模块直接给系统负载供电。如果整流模块发生了过电流保护，通过整流模块前面板按钮可复位。

### 10-70 交流配电故障如何处理？

**答**：（1）C 级防雷器损坏：防雷器由四个防雷单元组成，分别具有状态显示功能，完好时窗口颜色为绿色。如果某防雷单元损坏，窗口颜色变红，应尽快更换该单元。

（2）缺相：如果一时无法解决交流缺相的问题，其他插槽又不可用，可用导线将交流输入开关相线短接。但这样处理仅是临时恢复电源供电，必须尽快修复问题，恢复设备正常运行。

### 10-71 直流配电故障如何处理？

**答**：（1）直流分路故障：如果熔断器或断路器输入端有电压，而另一端无，此时要仔细检查熔断器或断路器是否完好合上，否则确定为已损坏。如果一切正常，但监控单元持续报警，则可能是检测线断开。

（2）蓄电池管理故障：蓄电池管理故障包含蓄电池电压已低于正常电压而无告警信号，无法进行正常均浮充，此时要首先仔细检查蓄电池参数设置是否正确，如欠电压的电压设置值、均浮充电压及恒流电流设置值等，其次检查相应监控端子、采样线是否有接触不牢和断开的情况。

（3）直流接触器故障：若因接触器两端有正常的工作电压而无法切断，则是接触器损坏，需要更换。

### 10-72 整流器故障如何处理？

**答：**（1）整流模块无输出：整流模块无输出有两种情况，一种是面板上所有灯都不亮，一种是电源灯亮而运行灯不亮。对于第一种情况，首先检查有无交流电压，交流电压是否过低或过高；其次检查导槽有无问题，整流模块是否可靠插入，否则为整流模块故障。对于第二种情况，可首先检测此相电压是否过低；如果不是，可用万用表笔试按前面板的复位按钮；若能启动，则为整流模块产生了过电流或过电压保护；若不能启动，可重新插拔一下看是否插好。如果情况依旧，则为整流模块内部故障需更换。整流模块损坏后需返修处理。

（2）过温：整流模块内以整流散热器的温度最高，当该散热器温度达到85℃，整流模块过温灯亮，并停止输出。当该温度回落5℃，可自动重启。过热的原因以风机受阻或严重老化为主，需进行清扫，如果风机出现故障无法正常运行，需更换风机。

（3）如果环境温度过高且整流模块负荷持续过大，整流模块也可能产生自动过温保护，如果预计负荷会降低，此种情况可不予考虑。

（4）风机故障：因是电流采样控制，风机只有转速高低之分，不转即为非正常。这时应卸下前面板，检查风机是否有堵塞，线缆是否不连通，否则为风机故障，需更换。

（5）限流过电流保护：一般情况下，整流模块限流保护先于过电流保护。发生限流保护要检查是否有短路发生或限流挡设置是否正常。而一旦发生过电流保护，在故障排除后，需要通过前面板按钮复位。

（6）过电压：如果系统出现某一个整流模块过电压，可能会造成所有整流模块过电压保护，且无法自恢复。可关掉整流模块输入开关，然后逐个打开，打开某一开关再次出现过电压时，关掉该整流模块，打开其余的，系统将正常工作。

### 10-73 监控单元常见故障如何处理？

**答：**（1）监控单元退出运行：监控单元没有液晶显示功能，不能与上位机通信，但仍然具有智能化的电池管理功能。

（2）交直流信息采集单元退出运行：失去交流信息采集功能、直流信息采集功能，仍然具有智能化的电池管理功能。

（3）分监控单元退出运行：具有交流信息采集功能、直流信息的采集功。失去电池管理功能，充电系统会处于浮充状态，因此需要密切注意电池的充放电情况。当监控单元再出现不断复位，非正常遥调模块输出电压，非正常遥控等现象，如果无法解决且影响到直流系统的供电安全时，只需关掉监控单元电源，通知厂家进行维修。

### 10-74 直流系统的操作原则是什么？

**答：**（1）直流系统的任何操作都不能使直流母线瞬时停电。

（2）投用时，应先合充电器交流电源开关，待充电器工作正常且直流输出电压略高于直流母线电压时，方可合上直流侧开关。严禁直流母线向停用充电器倒充电。一般情况下，不允许充电器单独向直流负载供电。

### 10-75 联控制回路为什么不用交流电源而选用直流电源？

**答：**（1）直流电源输出电压稳定。

（2）单个直流屏有两个交流输入（自动切换），加上蓄电池相当于有三个电源，较为复杂。

（3）加入使用交流电源，当系统发生短路故障时，电压会因短路故障而降低，使二次控制电压也降低，严重时会因电压低而跳不开，进而造成故障扩大。

### 10-76 直流系统中的蓄电池为什么要定期充放电？

**答：**定期充放电一般是每年不少于1次。定期充放电也叫作核对性充放电，就是对浮充电运行的蓄电池经过一定时间要使其极板的物质进行一次较大的充放电反应，以检查蓄电池容量，并可以发现老化电池，对其进行及时维护与处理，以保证电池的正常运行。

**10-77 为使蓄电池在正常浮充电时保持满充电状态，每个蓄电池的端电压应保持为多少？**

**答：** 为了使蓄电池保持在满充电状态，必须使接向直流母线的每个蓄电池在浮充时保持有 2.15V 的电压。

**10-78 装设直流绝缘监视装置的必要性是什么？**

**答：** 在发电厂直流系统中，一极接地长期工作是不允许的，如果在同一极的另一地点再发生接地时，就可能造成信号装置、继电保护和控制电路误动作。另外在有一极接地时，假如再发生另一极接地就将造成直流短路。

**10-79 低压交直流回路能否共用一条电缆？为什么？**

**答：** 不能，原因：

（1）共用一条电缆能降低直流系统的绝缘水平。

（2）如果直流绝缘破坏，则直流混线会造成短路或继电保护误动等。

**10-80 测二次回路的绝缘应使用多大的绝缘电阻表？**

**答：** 测二次回路的绝缘电阻值最好是使用 1000V 绝缘电阻表，如果没有 1000V 的也可用 500V 的绝缘电阻表。

**10-81 红绿灯和直流电源监视灯为什么要串联一电阻？**

**答：** 红绿灯串电阻的目的是防止灯座处发生短路时造成开关误跳、合闸。直流电源监视灯串联一个电阻的目的是防止灯丝或灯座处短接造成直流电源短路，以及电源电压过高烧坏直流电源的监视灯。

**10-82 直流系统发生正极接地或负极接地对运行的危害有哪些？**

**答：** 直流系统发生正极接地有造成保护误动作的可能。因为电磁操动机构的跳闸线圈通常都接于负极电源，倘若这些回路再发生接地或绝缘不良就会引起保护误动作。直流系统负极接地时，如果回路中再有一点发生接地，就可能使跳闸或合闸回路短路，造成保护或断路器拒动，或烧毁继电器，或使熔断器熔断等。

**10-83 直流母线电压过高或过低的象征是什么？如何处理这种情况？**

答：象征：

（1）集控室后备盘"直流母线异常"光字牌发出，声响报警。

（2）监控屏幕对应显示"直流母线电压高"或"直流母线电压低"信号发出。

（3）直流配电室对应直流母线"电压高"或"电压低"光字牌亮。

处理方法：

（1）检查直流母线电压值，判断母线绝缘监察装置动作是否正确。

（2）调节浮充机的输出，使母线电压恢复正常。

（3）若浮充机故障，可倒为备用浮充机运行，复归信号。

**10-84 直流系统接地的象征是什么？如何处理这种情况？**

答：象征：

（1）集控室后备盘"直流母线异常"光字牌发出，声响报警。

（2）DCS-CRT"直流母线接地"信号发出。

（3）直流配电室"直流母线接地"光字牌发出，声响报警。绝缘监察装置CRT上接地支路闪光报警，接地电流超过±4mA。

处理方法：检查直流母线绝缘监察装置，确定接地母线、接地支路及接地极性，记录接地电流，通知检修处理。严禁用试拉直流的方法查找直流接地。

当某直流回路在消除接地工作中必须停电时，停电前应经值长同意，110V直流系统需在继电保护维护人员配合下停用可能误动的设备和保护。

**10-85 直流母线电压消失的象征是什么？如何处理这种情况？**

答：象征：

（1）"直流母线异常""直流充电设备故障""直流母线电压低"光字牌发出，声响报警。

（2）主厂房110V直流母线失压时，"控制电源故障""发电机-

变压器组保护电源故障""控制回路断线""低电压保护回路断线"等信号可能发出。

（3）对应直流母线蓄电池组主熔断器熔断，浮充机跳闸，母线电压至零。

（4）失压母线负荷指示熄灭，绝缘监测装置失电。

处理方法：

（1）拉开失压母线上所有隔离开关及断路器，检查母线。

（2）若母线上有明显故障点，应立即切除故障点，恢复母线各路负荷供电。

（3）若直流母线故障短时无法消除，应将故障母线隔离后，合上对应环路解环断路器，恢复环路负荷供电。

（4）若保护装置失电，在保护装置送电前应先解除所有保护出口压板，保护装置送电后再逐一测量电压恢复状况，确保无误。

（5）若机组主要保护装置电源全部消失且不能尽快恢复，应立即停机。停用故障母线浮充机和蓄电池组，查出故障点，交检修人员处理。

第十一章

# 配 电 装 置

**11-1 隔离开关的许可运行条件有哪些?**

**答:** 隔离开关不允许在过负荷的情况下长期运行,正常运行时各接头温度不超过 70℃。用隔离开关停、送电时,应在该回路的开关或接触器均为断开位置的情况下进行。

允许用隔离开关拉合的设备有:

(1) 拉合母线上无故障的避雷器或电压互感器。

(2) 母联断路器在合闸状态下进行运行方式切换操作。

(3) 正常情况下主变压器进行中性点运行方式切换操作。

(4) 用负荷隔离开关允许拉切 380V 系统 30A 及以下的负荷电流。

(5) 对无故障的短、空母线进行充电和切电操作。

**11-2 严禁用隔离开关进行哪些操作?**

**答:** (1) 带负荷拉合隔离开关。

(2) 用隔离开关给长线路切送电。

(3) 投退主变压器及所有厂用变压器。

(4) 切断故障点的接地电流。

**11-3 互感器的许可运行条件有哪些?**

**答:** (1) 任何情况下,电压互感器二次侧不能短路,电流互感器二次侧不能开路。

(2) 电压互感器允许一次侧电压大于额定电压的 110%,电流互感器允许一次侧电流大于额定电流的 110%。

**11-4 电力电缆的许可运行条件有哪些?**

**答:** (1) 电力电缆的工作电压不应超过额定电压的 115%。

（2）电缆各相泄漏电流的不平衡系数不大于 2。

（3）0.4kV 电力电缆允许过负荷 10%，连续运行时间为 2h。

（4）6kV 电力电缆允许过负荷 15%，连续运行时间为 2h。

（5）对于间歇过负荷，必须在上次过负荷 10～12h 后，才允许再次过负荷。

**11-5 关于电力电缆绝缘电阻的测定的规定有哪些？**

答：（1）1000V 以下的电缆用 1000V 绝缘电阻表测量，其值不低于 0.5MΩ。

（2）1000V 以上的电缆用 2500V 绝缘电阻表测量，其值不低于 1.0MΩ/kV。

**11-6 电力电缆运行中的规定允许温度有哪些？**

答：电力电缆运行中的规定允许温度见表 11-1：

**表 11-1　　　　电力电缆运行中的规定允许温度**

| 电力电缆额定电压，kV | 0.4 | 6 | 35 |
|---|---|---|---|
| 电力电缆导体最高允许温度，℃ | 65 | 65 | 75 |
| 电力电缆外壳表面允许温度，℃ | 60 | 50 | 50 |

**11-7 高压隔离开关的作用是什么？高压隔离开关为什么不能带负荷操作？**

答：高压隔离开关主要用来隔离高压电源，以保证其他电气设备的安全检修。由于它没有专门的灭弧装置，所以不能带负荷操作。

**11-8 断路器越级跳闸应如何处理？**

答：（1）断路器越级跳闸后应首先检查保护及断路器的动作情况。如果是保护动作，断路器拒绝跳闸造成越级，则应在拉开拒跳断路器两侧的隔离开关后，将其他非故障线路送电。

（2）如果是因为保护未动作造成越级，则应将各线路断路器断开，再进行逐条线路试送电，发现故障线路后将该线路停电，拉开断路器两侧的隔离开关，再将其他非故障线路送电。最后再查找断路器拒绝跳闸或保护拒动的原因。

### 11-9 母线隔离开关在运行中规定的允许温度有哪些?

**答:**母线、隔离开关各连接部分最高温度不应超过70℃（环境温度为25℃），封闭母线允许高温度为90℃，外壳允许最高温度为65℃，母线接头允许温度不高于105℃。

### 11-10 操作隔离开关时应注意什么?

**答:**（1）确认与之串联的断路器在开位，方可投入或拉开隔离开关。

（2）拉开隔离开关时必须检查隔离开关应有足够的开度，并上好销子。投入隔离开关应检查触头接触良好，并上好销子。

（3）线路停电，检查断路器在开路，先拉线路侧隔离开关，后拉母线侧隔离开关。停电时检查断路器在开位，先投入母线侧隔离开关，后投入线路侧隔离开关。

（4）操作杠杆传动的隔离开关时，要注意监视隔离开关有无折断的情况发生。

### 11-11 错误操作隔离开关应如何处理?

**答:**（1）在投入隔离开关过程中，发现连续火花应继续投到底，不许断开。

（2）在拉开隔离开关过程中，发现连续火花，应立即投入。若火花已经切断，则不许再投入。

### 11-12 什么叫断路器?它的作用是什么?

**答:**高压断路器俗称开关，是电力系统中最重要的控制和保护设备。

（1）在正常运行时，根据电网的需要，接通或断开电路的空载电流和负荷电流，其在这时起控制作用。

（2）当电网发生故障时，高压断路器和保护装置及自动装置相配合，迅速自动地切断故障电流，将故障电流从电网中断开，保证电网无故障部分的安全运行以减少停电范围，防止事故扩大，其在这时起保护作用。

**11-13　断路器与隔离开关有什么区别？**

答：（1）断路器装有灭弧设备因而可切断负荷电流和故障电流，而隔离开关没有灭弧设备，不可用它切断或投入一定容量以上的负荷电流和故障电流。

（2）断路器多为远距离电动控制，而隔离开关多为就地手动操作。

（3）继电保护、自动装置等能和断路器配合工作。

**11-14　关于厂用电系统操作的一般规定有哪些？**

答：（1）厂用系统的倒闸操作和运行方式的改变应按值长、值班长的命令，并通知有关人员。

（2）除紧急操作与事故外，一切正常操作均应按规定填写操作票及复诵制度。

（3）厂用系统的倒闸，一般应避免在高峰负荷或交接班时进行。操作当中不应交接班，只有当全部结束或告一段落时，方可进行交接班。

（4）新安装或进行过有可能变更相位作业的厂用系统，在受电与并列切换前，应检查确认相序、相位正确。

（5）厂用系统电源切换前，必须了解两侧电源系统的联结方式，若环网运行，应并列切换；若开环运行及事故情况下状况不明、系统不清时，不得并列切换。

（6）倒闸操作考虑环并回路与变压器有无过载的可能，运行系统是否可靠及事故是否方便等。

（7）在开关拉合操作中，应检查仪表变化、指示灯及有关信号，以验证开关动作的正确性。

**11-15　何为保护接地和保护接零，有什么优点？**

答：保护接地是把电气设备金属外壳、框架等通过接地装置与大地可靠连接。在电源中性点不接地的系统中，它是保护人身安全，防止发生触电事故的重要措施。

保护接零是在电源中性点接地的系统中，把电气设备的金属外壳、框架等与中性点引出的中线相连接，同样也是保护人身安全的重要措施。

### 11-16 中性点与零点、中性线有何区别？

**答：** 凡三相绕组的尾端连接在一起的共同连接点，称电源中性点。当电源的中性点与接地装置有良好的连接时，该中性点便称为零点。而由零点引出的导线，则称为中性线。

### 11-17 何为断路器自由脱扣？

**答：** 断路器在合闸过程中的任何时刻，若保护动作接通跳闸回路，断路器能可靠断开，这就叫自由脱扣。带有自由脱扣的断路器，可以保证断路器合于短路故障时，能迅速断开，避免扩大事故范围。

### 11-18 什么是氧化锌避雷器？它有什么优点？

**答：** 在额定电压下，流过氧化锌避雷器阀片的电流仅为 5～10A 以下，相当于绝缘体。因此，它可以不用火花间隙来隔离工作电压与阀片。当作用在金属氧化锌避雷器上的电压超过定值（启动电压）时，阀片"导通"，使大电流通过阀片泄入地中，此时其残压不会超过被保护设备的耐压，达到了保护目的。此后，当作用电压降到动作电压以下时，阀片自动终止"导通"状态，恢复绝缘状态，因此，整个过程不存在电弧燃烧与熄灭的问题。优点：它不仅具有瓷套式金属氧化物避雷器的优点，还具有电气绝缘性能好、介电强度高、抗漏痕、抗电蚀、耐热、耐寒、耐老化、防爆、憎水性、密封性等优点。

### 11-19 消弧线圈的作用是什么？

**答：** 消弧线圈的作用主要是将系统的电容电流加以补偿，使接地点电流补偿到较小的数值，防止弧光短路，保证安全供电。降低弧隙电压恢复速度，提高弧隙绝缘强度，防止电弧重燃造成间歇性接地过电压。

### 11-20 什么是并联电抗器？其主要作用有哪些？

**答：** 并联电抗器是指接在高压输电线路上的大容量的电感线圈。

主要作用：

（1）控制、降低工频电压的升高。

(2) 降低操作过电压。

(3) 避免发电机带长线出现的自励磁。

(4) 有利于单相自动重合闸。

### 11-21　高压断路器有哪些种类？

**答：** 高压断路器是电力系统中最主要的控制电器，有户内和户外两种形式。按照灭弧原理有油断路器（多油断路器和少油断路器）、空气断路器、$SF_6$ 断路器、真空断路器等。

### 11-22　为什么母线要涂有色漆？

**答：** 配电装置中的母线涂漆有利于母线散热，可使容许负载提高 $12\%\sim15\%$，也便于值班人员、检修人员识别直流的极性和交流的相别，铜母线涂漆还可起到防锈作用。

### 11-23　低压四芯电缆的中性线起什么作用？

**答：** 四芯电缆的中性线除了作为保护接地外，还要通过三相不平衡电流及单相负荷电流。

### 11-24　什么是沿面放电？

**答：** 电力系统中有很多悬式和针式绝缘子、变压器套管和穿墙套管等，它们很多是处在空气中，当这些设备的电压达到一定值时，这些瓷质设备表面的空气发生放电，叫作沿固体介质表面的沿面放电，简称沿面放电。当沿面放电贯穿两极间时，形成沿面闪络。沿面放电比在空气中的放电电压低。沿面放电电压与电场的均匀程度、固体介质的表面形状及气象条件有关。

### 11-25　套管表面脏污和出现裂纹有什么危险？

**答：** 套管表面脏污将使闪络电压（即发生闪络的最低电压）降低，如果脏污的表面潮湿，则闪络电压降得更低，此时线路中若有一定数值的过电压侵入，即引起闪络。闪络有如下危害：

(1) 造成电网接地故障，引起保护动作，断路器跳闸。

(2) 对套管表面有损伤，成为未来可能产生绝缘击穿的一个因素。

(3) 套管表面的脏物吸收水分后，导电性提高，泄漏电流增加，使绝缘套管发热，有可能使套管里面产生裂缝而最后导致击穿。

（4）套管出现裂纹会使抗电强度降低。因为裂纹中充满了空气，空气的介电系数小，瓷套管的瓷质部分介电系数大，而电场强度的分布规律是介电系数小的电场强度大，介电系数大的电场强度小，裂纹中的电场强度大到一定数值时空气就被游离，引起局部放电，造成绝缘的进一步损坏，直至全部击穿。

（5）裂纹中进入水分结冰时，也可能使套管胀裂。

### 11-26　什么是雷电放电记录器？

**答：**放电记录器是监视避雷器运行，记录避雷器动作次数的一种电器。它串接在避雷器与接地装置之间，避雷器每次动作，它都以数字形式累计显示出来，便于运行人员检查和记录。

### 11-27　何为电力系统的静态稳定？

**答：**电力系统运行的静态稳定性也称微变稳定性，它是指当正常运行的电力系统受到很小扰动，将自动恢复到原来运行状态的能力。

### 11-28　何为电力系统的动态稳定？

**答：**电力系统运行的动态稳定性是指当正常运行的电力系统受到较大的扰动，它的功率平衡受到相当大的波动时，将过渡到一种新的运行状态或回到原来的运行状态，继续保持同步运行的能力。

### 11-29　电缆线路停电后，用验电笔验电时，短时间内为何还有电？

**答：**电缆线路相当于一个电容器，停电后线路还存有剩余电荷，对地仍然有电位差。若停电立即验电，验电笔会显示出线路有电。因此必须经过充分放电，验电无电后，方可装设接地线。

### 11-30　什么是内部过电压？

**答：**内部过电压是由于操作、事故或其他原因引起系统的状态发生突然变化，将出现从一种稳定状态转变为另一种稳定状态的过渡过程，在这个过程中可能会出现对系统有危险的过电压，这些过电压是由系统内电磁能的振荡和积聚引起的，所以叫内部过电压。

**11-31 发电机-变压器组主断路器 SF$_6$ 气体压力降低应如何处理？**

答：（1）检查断路器就地 SF$_6$ 气体压力表指示是否降低。

（2）汇报值长联系检修维护人员带电补充 SF$_6$ 气体，使气体压力达到要求值。

（3）若 SF$_6$ 气体补充后压力保持不住时，应及时汇报值长和电网调度联系，申请安排该开关停运，通知检修人员进行处理。

（4）若 SF$_6$ 气压降至闭锁值，汇报值长，用相邻开关或停运线路两侧开关将该开关隔离后，通知检修处理。

（5）严禁在 SF$_6$ 气体已降低且没有任何措施的情况下，进行该开关的跳、合闸操作。

（6）如果出现突发性大量漏气，应立即取下开关操作保险，申请停电检查处理。运行人员或检修人员检查 SF$_6$ 漏气时，应采取防护措施，戴防毒面具，并有监护人在场，谨防意外中毒事故的发生。

**11-32 断路器拒绝合闸应如何处理？**

答：（1）检查操作电源电压是否正常，是否过低。

（2）检查操作，合闸熔断器是否熔断，绿灯是否发亮。

（3）检查合闸回路是否完好，合闸继电器是否动作，辅助触点、二次插头、机械行程开关是否接触良好。

（4）检查跳闸机构是否调整不当，合闸操作按钮或控制开关触点切换接触是否良好。

（5）检查通信网络是否故障，操作员站是否死机。

（6）检查继电保护和连锁回路是否正常（如保护出口不返回，跳闸按钮触点未复位），事故按钮触点是否因污水或煤灰或粉尘浸入造成短路。

**11-33 断路器拒绝跳闸应如何处理？**

答：（1）检查操作，合闸熔断器是否完好，红灯是否亮。

（2）检查操作电源电压是否正常，是否过低。

（3）检查跳闸回路是否完好，跳闸继电器是否动作，辅助触点、二次插头、机械行程开关是否接触良好。

（4）检查断路器跳闸线圈是否完好，断路器脱扣器是否完好。

（5）检查"跳闸"操作按钮或控制开关触点切换接触是否良好。

（6）检查通信网络是否故障，操作员站是否死机。

（7）用事故按钮或就地跳闸按钮重新操作一次。

（8）将负荷电流减至最小，就地进行手动打跳。

（9）采取上述措施无效时，应用下列措施：

1）有条件停电的立即停电，通知检修处理。

2）改变系统运行方式，用上一级开关或母联开关断开。

### 11-34 为什么高压断路器与隔离开关之间要加装闭锁装置？

**答：** 因为隔离开关没有灭弧装置，只能接通和断开空载电路。所以在断路器未断开的情况下，拉合隔离开关严重影响人和设备的安全，为此在断路器与隔离开关之间要加装闭锁装置使断路器在合闸状态时，隔离开关拉不开、合不上，可有效防止带负荷拉合隔离开关。

### 11-35 断路器为什么要进行三相同时接触差（同期）的确定？

**答：**（1）如果断路器三相分、合闸不同期，会引起系统异常运行。

（2）在中性点接地系统中，如果断路器分、合闸不同期，会产生零序电流，可能使线路的零序保护误动作。

（3）在不接地系统中，两相运行会产生负序电流，使三相电流不平衡，个别相的电流超过额定电流值时会引起电气设备的绕组发热。

（4）在消弧线圈接地的系统中，断路器分、合闸不同期时所产生的零序电压、电流和负序电压、电流会引起中性点位移使各相对地电压不平衡，个别相对地电压很高，易产生绝缘击穿事故。同时零序电流在系统中产生电磁干扰，影响通信和系统的安全，所以断路器必须进行三相同期测定。

**11-36　什么是负荷曲线，什么是系统备用容量？**

**答：** 将电力负荷随着时间变化关系绘制出的曲线称为负荷曲线。

为了保证系统供电的可靠性，系统的装机容量在任何时刻都必须大于系统综合最大容量，它们的差值称为系统备用容量，包括负荷备用、事故备用、检修备用和国民经济备用等几种。

**11-37　电力系统对频率指标是如何规定的？低频运行有哪些危害？**

**答：** 我国电力系统的额定频率为 $50\text{Hz}$，其允许偏差对 $3000\text{MW}$ 及以上的电力系统规定为 $\pm0.2\text{Hz}$，对 $3000\text{MW}$ 以下的电力系统规定为 $\pm0.5\text{Hz}$。

低频运行的危害：

（1）系统长期低频运行时，汽轮机低压级叶片将会因振动加大而产生裂纹，甚至发生断裂事故。

（2）使厂用电动机的转速相应降低，因而使发电厂内的给水泵、循环水泵、送/引风机、磨煤机等辅助设备的出力降低，严重时将影响发电厂出力，使频率进一步下降，引起恶性循环，可能造成发电厂全停的严重后果。

（3）使所有用户的交流电动机转速按比例下降，使工农业产值和质量不同程度降低，废品增加，严重时可能造成人身伤亡和设备损坏事故。

**11-38　为什么拉开交流电弧比拉开直流电弧更容易熄灭？**

**答：** 交流电弧由于交流的瞬时值有时为零，当电流过零点时，弧隙没有电流。如果交流电经过零点又上升时，触头上的恢复电压不能使弧隙重燃（重击穿），则电弧就熄灭。如果弧隙重燃，但因触头拉开的距离增大，使击穿弧隙的电压提高，当交流电流下次过零点时，就更容易熄灭。根据这种特性，交流电弧比较容易熄灭。

直流电弧由于直流电没有过零的特性，并且线路电感所储存的磁场能量在触头拉开时会造成触头上的过电压，因此只是单纯拉长机械距离是不容易熄灭直流电弧的，须附加灭弧室等进行熄灭电弧。

### 11-39　电气事故处理的一般程序是什么？

**答：**（1）根据信号、表计指示，继电保护动作情况及现场的外部象征，正确判断事故的性质。

（2）当事故对人身和设备造成严重威胁时，迅速解除；当发生火灾事故时，应通知消防人员，并进行必要的现场配合。

（3）迅速切除故障点（包括继电保护未动作的应手动执行）。

（4）优先调整和处理厂用电源的正常供电，同时对未直接受到事故影响的系统和机组及时调节，如锅炉汽压的调节，保护的切换，系统频率及电压的调整等。

（5）对继电保护的动作情况和其他信号进行详细检查和分析，并对事故现场进行检查，以便进一步判断故障的性质和确定处理程序。

（6）进行针对性处理，逐步恢复设备运行。但应优先考虑重要用户供电的恢复，对故障设备应进行隔绝操作，并通知检修人员。

（7）恢复正常运行方式和设备的正常运行工况。

（8）进行妥善处理，包括事故情况及处理过程的记录，断路器故障跳闸的记录，继电保护动作情况的记录，低电压释放，设备的复置及直流系统电压的调节等。

### 11-40　6kV 母线接地故障应如何处理？

**答：**（1）检查有无 6kV 电动机启动或跳闸，若有 6kV 电动机启动，应立即停运，检查接地信号是否消除，若是已消除说明该电动机一次回路有接地故障，并告知相关岗位值班人员不得靠近该接地的 6kV 电动机；若有 6kV 电动机跳闸且接地信号随故障跳闸的电动机同时消失，则说明该跳闸的电动机一次回路有接地故障，应汇报值长联系检修人员进行处理。

（2）若无 6kV 电动机启动或跳闸时，应穿好绝缘靴，到发生接地的 6kV 母线配电室进行检查。检查过程中不能赤手接触或触摸运行设备的外壳，应通过接地信号掉牌或接地信号指示灯，寻找发生接地的支路，进而寻找接地故障点。

（3）切换该段母线所接的厂用低压变压器，查接地其是否有接地故障。

（4）如果检查仍然无效，可汇报值长，用瞬间停电法查找接地点，原则是先停不重要的负荷，后停重要负荷。

（5）在规定的 2h 内用上述的各种办法仍检查不出接地故障点，则应是该 6kV 母线段本身发生接地故障，汇报值长申请停运该 6kV 母线段，联系检修维护人员进行抢修处理。

（6）如果 6kV 母线接地后，对应变压器零序保护动作，按发电机-变压器组保护动作规定处理。

**11-41　高压断路器采用多断口结构的主要原因是什么？**

**答：**（1）有多个断口可使加在每个断口上的电压降低，从而使每段的弧隙恢复电压降低。

（2）多个断口把电弧分割成多个小电弧段串联，在相等的触头行程下多断口比单断口的电弧拉伸更长，从而增大了弧隙电阻。

（3）多断口相当于总的分闸速度加快了，介质恢复速度增大。

**11-42　何为防止断路器跳跃闭锁装置？**

**答：**所谓断路器跳跃是指断路器用控制开关手动或自动装置，合闸于故障线路上，保护动作使断路器跳闸，如果控制开关未复归或控制开关触点、自动装置触点卡住，保护动作跳闸后发生"跳—合"多次的现象。为防止这种现象的发生，通常是利用断路器的操作机构本身的机械闭锁或在控制回路中采取预防措施，这种防止跳跃的装置叫作断路器防跳闭锁装置。

**11-43　变电站的作用是什么？**

**答：**（1）变换电压等级。

（2）汇集电流。

（3）分配电能。

（4）控制电能的流向。

（5）调整电压。

### 11-44 变电站一次设备主要有哪些？

**答**：变电站一次设备主要有不同电压等级的母线、主变压器、站用变压器、无功功率补偿装置、小电流接地装置、电压互感器、电流互感器、断路器、隔离开关等。

### 11-45 母线的作用是什么？

**答**：母线的作用是汇集、分配和传送电能。

### 11-46 母线有几种类型？

**答**：母线按外形和结构大致分为以下3类：

（1）硬母线包括矩形母线、槽形母线、管形母线等。

（2）软母线包括铝纹线、铜纹线、钢芯铝绞线、扩径空心导线等。

（3）封闭母线包括共箱封闭母线、离相封闭母线等。

### 11-47 母线运行中的检查项目有哪些？

**答**：（1）瓷绝缘子应清洁，无裂纹、破损和放电现象。

（2）各部接头无松动、脱落及振动和过热现象。

（3）隔离开关接触良好，无过热、放电现象。

（4）各连杆、销子无断裂、脱落现象。

（5）无搭挂杂物度。

（6）封闭母线无过热、异常声响、放电现象。

（7）室内照明、通风良好，无漏水现象。

### 11-48 为什么室外母线接头易发热？

**答**：室外母线经常受到风、雨、雪、日晒、冰冻等侵蚀。这些都可促使母线接头加速氧化、腐蚀，使得接头的接触电阻值增加，导致能量增加，温度升高。

### 11-49 为什么硬母线要装设伸缩接头？

**答**：物体都有热胀冷缩特性，母线在运行中会因发热而使长度发生变化。为避免因热胀冷缩的变化使母线和支持绝缘子受到升压过大的应力而损坏，应在硬母线上装设伸缩接头。

**11-50　风电场常见的母线接线方式有哪几种？各有何特点？**

答：（1）单母线接线。单母线接线具有简单清晰、设备少、投资小、运行操作方便，且有利于扩建等优点，但可靠性和灵活性较差。当母线或母线隔离开关发生故障或检修时，必须断开母线的全部电源。

（2）单母线分段接线。当一段母线有故障时，分段断路器在继电保护的配合下自动跳闸，切除故障段，使非故障母线保持正常供电。对于重要用户，可以从不同的分段上取得电源，保证不中断供电。

（3）双母线接线。双母线接线具有供电可靠、检修方便、调度灵活和便于扩建等优点。但这种接线所用设备较多，特别是隔离开关，其配电装置复杂、经济性较差，在运行中，隔离开关作为操作电器，容易发生误操作。

**11-51　母线运行中，对温度如何规定？**

答：母线各连接部分的最高温度不应超过 70℃（环境温度25℃）。封闭母线的允许最高温度为 90℃，外壳的允许最高温度为 65℃。

**11-52　什么是变压器？**

答：变压器是将交变电压升高或降低，而电压频率不变，进行能量传递而不能产生电能的一种电器设备。

**11-53　变压器的作用是什么？**

答：变压器的作用是变换电压，以利于功率传输的升压变压器升压后，可以减少线路损耗，提高送电的经济性，达到远距离送电的目的。降压变压器能把高电压变为用户所需要的各级使用电压，满足用户需要。

**11-54　变压器的基本工作原理是什么？**

答：变压器由一次绕组、二次绕组和铁芯组成。当一次绕组加上交流电压时，铁芯中产生交变磁通，但因一、二次绕组的匝数不同，感应电动势的大小就不同，从而实现了变压的目的。二次感应电动势之比等于一、二次匝数之比。

### 11-55 变压器按不同方式分为哪几类？

答：（1）按相数分为单相和三相。

（2）按绕组和铁芯的位置分为内铁芯式和外铁芯式。

（3）按冷却方式分为干式自冷、风冷、强迫油循环冷和水冷。

（4）按中性点绝缘水平分为全绝缘和半绝缘。

（5）按绕组材料分为 A、E、B、F、H 五级绝缘。

（6）按调压方式可分为有载调压和无载调压。

### 11-56 变压器主要由哪些部件组成？

答：变压器主要由铁芯、绕组、分接开关、油箱、储油柜、绝缘油、套管散热器、冷却系统、呼吸器、过滤器、防爆管、油位计、温度计、气体继电器等部件组成。

### 11-57 变压器有哪几种调压方法？

答：变压器调压方法有两种，一种是停电情况下，改变分接头进行调压，即无载调压；另一种是带负荷调整电压，即有载调压。

### 11-58 变压器分接头为何多放在高压侧？

答：变压器分接头一般都从高压侧抽头，主要是考虑高压绕组一般在外侧，抽头引出连接方便。另外，高压侧电流相对于其他侧要小些，引出线和分接开关载流部分的导体截面也小些，接触不良的影响较易解决。

### 11-59 变压器有载分接开关的操作应遵守哪些规定？

答：（1）有载调压装置的分接变换操作应按调度部门确定的电压曲线或调度命令，在电压允许偏差的范围内进行。

（2）分接变换操作必须在一个分接变换完成后，方可进行第二次分接变换。操作时，应同时观察电压表和电流表的指示。

（3）分接开关 1 天内分接变换次数不得超过下列范围：35kV 电压等级为 20 次；110kV 及以上电压等级为 10 次。

（4）每次分接变换应核对系统电压与分接额定电压间的差距，

使其符合相关规程的规定。

（5）每次分接变换操作均应按要求在有载分接开关操作记录簿上做好记录。

**11-60 变压器有载调压装置动作失灵的原因有哪些？**

**答：**（1）操作电源的电压消失或过低。

（2）电动机绕组断线烧毁，启动电动机失电压。

（3）连锁触点接触不良。

（4）传动机构脱扣及销子脱落。

**11-61 导致有载调压分接开关故障的原因有哪些？**

**答：**（1）辅助触头中的过渡电阻在切换过程中被击穿、烧断。

（2）因分接开关密封不严而进水，造成相间短路。

（3）由于触头滚轮卡住，分接开关停在过渡位置，造成匝间短路而烧坏。

（4）分接开关油箱缺油。

（5）调压过程中遇到穿越故障电流。

**11-62 变压器各主要参数有哪些？**

**答：**变压器的主要参数有额定电压、额定电流、额定容量、空载电流、空载损耗、短路损耗、阻抗电压、绕组连接图、相量图及联结组标号。

**11-63 变压器的额定容量指什么？**

**答：**变压器的额定容量指该变压器所输出的空载电压和额定电流的乘积，单位通常为千伏安。

**11-64 什么是变压器的短路电压？**

**答：**将变压器二次侧短路，一次侧加压使电流达到额定值，这时一次侧所加的电压叫作短路电压，短路电压一般用百分值表示，通常是短路电压与额定电压的百分比。

**11-65 变压器的温度和温升有什么区别？**

**答：**变压器的温度指变压器本体各部位的温度，温升指变压器本体温度与周围环境温度的差值。

### 11-66 什么是半绝缘变压器？什么是全绝缘变压器？

**答：** 半绝缘变压器指靠近中性点部分绕组的主绝缘的绝缘水平比端部绕组的绝缘水平低；全绝缘变压器指绕组首端与尾端的绝缘水平相同。

### 11-67 变压器中的油起什么作用？

**答：** 变压器中油的作用是绝缘、冷却，在有载开关中用于熄弧。

### 11-68 怎样判断变压器油质的好坏？如何处理？

**答：**（1）外状。若目测变压器油不透明，有可见杂质、悬浮物或油色太深，则表明油外观异常；若油模糊不清、浑浊发白，则表明油中含有水分，应检查含水量；若发现油中含有炭颗粒，油色发黑，甚至有焦臭味，则可能是变压器内部存在电弧或局部放电，有必要进行油的色谱分析；若油色发暗且油的颜色有明显改变，则应注意油的老化是否加速，可结合油的酸值试验进行分析，并加强对油的运行温度的监控。

（2）酸值。其超极限值为大于 0.1mg KOH/g。要调查原因，增加试验次数，测定抗氧剂含量并适当补加，进行油的再生处理，若经济合理可进行换油处理。

（3）水溶性酸。其超极限 pH 值为小于 42。要查明原因，增加试验次数并与酸值进行比较，进行油的再生处理，若经济合理可进行换油处理。

（4）击穿电压。其超极限值根据设备电压等级的不同而不同。220kV、35kV 及以下的设备的超极限值依次是小于 35kV、小于 30kV。要查明原因，进行真空滤油处理或更换新油。

（5）闪点。其超极限值为小于 130℃或者比前次试验值下降 5℃。要查明原因，消除故障，进行真空脱气处理或进行换油处理。

（6）水分。其超极限值根据设备电压等级的不同而不同。22kV、110kV 及以下的设备的超极限值依次是大于 25mg/L、大于 35mg/L。要更换呼吸器内的干燥剂，降低运行温度，采用真空滤油处理。

（7）介质损耗因数（90℃）。其超极限值根据设备电压等级的不同而不同。330kV 及以下的设备为大于 0.04。要检查酸值、水分、界面张力，进行油的再生处理或更换新油。

（8）界面张力。其超极限值为 19mN/m。要结合酸值、油泥的测定采取措施，进行油的再生处理或更换新油。

（9）油泥与沉淀物。要进行油的再生处理，若经济合理可考虑换油。

（10）溶解气体组分含量。主变压器油中溶解气体含量超极限值：氢气大于 150$\mu$L/L，乙炔大于 5$\mu$L/L，总烃大于 150$\mu$L/L。要进行追踪分析，彻底检查设备，找出故障点，消除隐患，进行油的真空脱气处理。

### 11-69　关于变压器上层油温的规定有哪些？

**答**：对于自然循环风冷的变压器，在上层油温为 55℃时开启风扇，45℃时停止风扇。

当风扇因故障停止运行后且上层油温不超过 65℃时，允许带风扇运行。

### 11-70　变压器缺油对运行有什么危害？

**答**：变压器油面过低会使轻瓦斯动作，严重缺油时，铁芯和绕组暴露在空气中容易受潮，并可能造成绝缘击穿。

### 11-71　变压器的储油柜起什么作用？

**答**：当变压器油的体积随着油温的变化而膨胀或缩小时，储油柜起储油和补油的作用，以此来保证油箱内充满油。同时，由于装了储油柜，变压器与空气的接触面减小，减缓了油的劣化速度。储油柜的侧面还装有油位计，可以监视油位变化。

### 11-72　变压器防爆管或压力释放阀的作用是什么？

**答**：变压器防爆管或压力释放阀的作用：安装在变压器箱盖上，作为变压器内部发生故障时，防止油箱内产生过高压力。现在多数采用压力释放阀，当变压器内部发生故障，压力升高时，压力释放阀动作，并接通触头报警或跳闸。

**11-73 变压器呼吸器的作用是什么?**

**答**: 变压器呼吸器的作用: 作为变压器的吸入或排出空气的通道,吸收进出空气中的水分,以减少水分的侵入,减缓油的劣化速度。

**11-74 怎样判断呼吸器内的干燥剂是否失效?**

**答**: 若发现大部分硅胶由原来的蓝色变为红色或紫色(用溴化铜处理过的硅胶则由原来的黑色变为淡绿色),则说明干燥剂已潮解失效,边沿油已受潮,需要更换经干燥处理过的硅胶。

**11-75 变压器调压装置的作用是什么?**

**答**: 变压器调压装置的作用是变换绕组的分接头,改变高低压侧绕组的匝数比,从而调整电压,使电压保持稳定。

**11-76 温度计有什么作用? 有几种测温方法?**

**答**: 温度计是用来测量油箱内的上层油温度及绕组温度的,起到监视电力变压器是否正常运行的作用。

温度计按变压器容量的大小可分为水银温度计测温、信号温度计测温、电阻温度计测温。

**11-77 什么是变压器的联结组别?**

**答**: 变压器的联结组别是变压器的一次和二次电压(或电流)的相位差,它按照一、二次绕组的绕向,首、尾端标号及连接的方式而定,并以时钟形式排列为 0~11 共 12 个组别。

**11-78 二卷变压器常用的联结组别有哪几种?**

**答**: 二卷变压器常用的联结组别有 YNd11,Yd11,Yyn0。

**11-79 变压器正常运行时,绕组的哪部分最热?**

**答**: 绕组和铁芯的温度都是上部高、下部低。一般油浸式变压器绕组最热的部分是在高度方向的 70%~75% 处,横向的 1/3 处,每台变压器绕组的最热点应由试验决定。

**11-80 怎样判断变压器的温度变化是否正常?**

**答**: 变压器在正常运行中,铁芯和线圈中的损耗转化为热量引起各部发热,温度升高。当发热和散热达到平衡时,各部温度稳定，这时温度的变化随负荷的变化而变化。

若在正常负荷及冷却条件下，温度比平时高出 10℃ 以上，或负荷不变，温度不断上升，则认为变压器内部发生了故障。

**11-81　什么原因会使变压器发出异常声响？**

**答**：（1）过负荷。

（2）内部接触不良，放电打火。

（3）个别零件松动。

（4）系统中有接地或短路等。

**11-82　能否根据声音判断变压器的运行情况？怎样判断？**

**答**：可以根据运行的声音来判断变压器的运行情况。

判断方法：用木棒的一端放在变压器的油箱上，另一端放在耳边仔细听声音，如果是连续的"嗡嗡声"且比平常声音加重，就要检查电压和油温；若听到"噼啪声"，则是内部绝缘击穿；若无异状，则很可能是铁芯松动。当听到"吱吱声"时，要检查套裂、移管表面是否有闪络现象。

**11-83　电压过高或过低对变压器有什么影响？**

**答**：当运行电压超过额定电压时，变压器铁芯的饱和程度增加，空载电流增大，电压波形中的高次谐波成分增大，超过额定电压过多会引起电压和磁通的波形发生严重畸变。

当运行电压低于额定电压时，对变压器本身没有影响，但若低于额定电压过多，将影响供电质量。

**11-84　正常运行中的变压器应做哪些检查？**

**答**：（1）变压器声音是否正常。

（2）瓷套管是否清洁，有无破损、裂纹及放电痕迹。

（3）油位、油色是否正常，有无渗油现象。

（4）变压器温度是否正常。

（5）变压器接地是否完好。

（6）电压值、电流值是否正常。

（7）各部位螺栓有无松动。

（8）二次引线接头有无松动和过热现象。

**11-85 干式变压器的正常检查维护内容有哪些?**

**答**:(1)高、低压侧接头无过热现象,电缆头无过热现象。

(2)根据变压器采用的绝缘等级,监视温升不得超过规定值。

(3)变压器室内无异味,声音正常,室温正常,其室内通风设备良好。

(4)支持绝缘子无裂纹、放电痕迹。

(5)变压器室内屋顶无漏水、渗水现象。

**11-86 对变压器检查的特殊项目有哪些?**

**答**:(1)系统发生短路或变压器因故障跳闸后,检查有无爆裂、移位、变形、烧焦、闪络及喷油等现象。

(2)在降雪天气时,检查引线接头有无落雪融化或蒸发、冒气现象,导电部分有无冰柱。

(3)在大风天气时,检查引线有无强烈摆动。

(4)在雷雨天气时,检查瓷套管有无放电、闪络现象,并检查避雷器的放电记录仪的动作情况。

(5)在大雾天气时,检查瓷绝缘子、套管有无放电、闪络现象。

(6)在气温骤冷或骤热时,检查变压器油位及油温是否正常,伸缩节有无变形或发热现象。

(7)变压器过负荷时,检查冷却系统是否正常。

**11-87 关于变压器冷却装置运行时的规定有哪些?**

**答**:(1)油浸风冷变压器的上层油温未达到55℃时,可以不开启风扇,在额定负荷下运行;如超过55℃,风扇应投入运行。

(2)油浸风冷变压器,当冷却系统故障,将风扇停止运行后,油温不超过65℃时,允许带额定负荷运行。

**11-88 为何主变压器停、送电时,要合上中性点接地开关?**

**答**:由于主变压器高压侧断路器合、分操作时,易产生三相不同期或某相合不上、拉不开的情况,可能在高压侧产生零序过电压,该电压传递给低压侧后,会引起低压绕组绝缘损坏。

如果在操作前合上接地开关,可有效地限制过电压,保护绝缘。

**11-89　变压器发生哪些情况须立即拉开电源?**

**答**：(1) 外壳破裂，大量流油。

(2) 冒烟着火。

(3) 防爆管玻璃破裂，向外大量喷油、喷烟。

(4) 套管引线接头熔断，套管闪络炸裂。

(5) 在正常负荷及冷却条件下，温度、温升超过规定值并继续升高。

**11-90　变压器有哪些接地点? 各接地点起什么作用?**

**答**：(1) 绕组中性点接地，即工作接地，构成大电流接地系统。

(2) 外壳接地，即保护接地，防止外壳上的感应电压过高而危及人身安全。

(3) 铁芯接地，即保护接地，防止铁芯的静电电压过高使变压器铁芯与其他设备之间的绝缘损坏。

**11-91　变压器差动保护动作时应如何处理?**

**答**：差动保护正确动作，变压器跳闸，变压器有明显的故障特征（如喷油、瓦斯保护同时动作）。此时，故障变压器不准投入运行，应对其进行检查、处理。若差动保护动作，对变压器外观检查没有发现异常现象，则应对差动保护范围以外的设备及回路进行检查，查清确为其他原因后，变压器方可重新投入运行。

**11-92　变压器重瓦斯保护动作后应如何处理?**

**答**：变压器重瓦斯保护动作后，值班人员应进行下列检查：

(1) 变压器差动保护是否动作。

(2) 重瓦斯保护动作前，电压、电流有无波动。

(3) 防爆管和吸湿器是否破裂，释压阀是否动作。

(4) 气体继电器内部是否有气体，收集的气体是否可燃。

(5) 直流系统是否接地。

若通过上述检查，未发现任何故障迹象，则可初步判定是重瓦斯保护误动。

在变压器停电后，应联系检修人员测量变压器绕组的直流电阻及绝缘电阻，并对变压器油做色谱分析，以确认是否为变压器内部故障。在未查明原因，未进行处理前，变压器不允许再投入运行。

### 11-93　什么是箱式变电站？

答：箱式变电站是一种将高压开关设备、配电变压器和低压配电装置按一定接线方案排成一体的，在工厂预制的紧凑式配电设备。其最初适用于城网建设与改造，分为欧式、美式两种。

### 11-94　什么是欧式箱式变电站？

答：欧式箱式变电站的体积比美式箱式变电站要高、要大，造价也比美式箱式变电站要高，高压侧有电动机构，供电可靠性高，噪声小，可根据用户需要设置配电自动化装置，有改造空间，传统上适用于较重要的负荷供电。

### 11-95　什么是美式箱式变电站？

答：美式箱式变电站体积小、成本低，供电可靠性低，高压侧无电动机构，无法增设配电自动化装置，噪声较大，传统上适用于不重要的负荷用电。

### 11-96　使用箱式变电站时应注意什么？

答：（1）开箱验收检查后，在设备未投入运行前，应将其置于干燥、通风处。

（2）运行前，要检查压力释放阀能否正常开启。

（3）对熔断器的操作需在断电的状态下进行。

（4）无励磁分接开关不能带负荷操作。

（5）对设备进行接地、试验、隔离和合闸操作都要使用绝缘操作杆。

（6）负荷开关只能开断额定电流，不能开断短路电流。

（7）变压器不可长期过载、缺相运行，否则将影响其使用寿命。

### 11-97　美式箱式变电站的通电步骤是什么？

答：（1）通电前，将高压负荷开关和低压主开关处于断开位置，检查确定高、低压各系统的绝缘是否合格。

（2）操作时，将高压室门及低压配电柜的柜门分别关闭。

（3）用绝缘操作杆合高压负荷开关，使变压器处于空载运行状态，查看变压器有无异常（主要检查电压及变压器运行声音是否平稳）。

（4）合低压配电柜主开关。

（5）观察指示仪表的工作情况。

### 11-98 箱式变电站的维护和保养项目有哪些？

**答：**（1）高、低压套管及绝缘子、传感器必须保持清洁，定期将其上面的灰尘等擦拭干净，并且检查套管等表面有无裂纹、放电、闪络现象，如果有应立即更换。

（2）检查箱沿、套管、片散等密封垫的松紧程度，若有松动，则用力矩扳手紧固。

（3）正常运行情况下，应定期取油样化验。

（4）若油位指示低于警示位置，应对组合式变压器进行注油，注油前必须先释放油箱内可能存在的压力，打开低压室内的注油塞，注入相同牌号、试验合格的变压器油，注油完毕马上将注油塞拧紧。在注油的过程中，应注意避免夹带气泡进入油箱，组合式变压器在充油后再送电的时间间隔必须在 12h 以上，以保证油中的气泡逸出。

（5）每年在雷雨季节前对氧化锌避雷器进行预防性试验。

（6）检查 35kV 的熔断器是否过热、渗油。

（7）应对低压配电柜定期保养与试验，每年至少 1 次。使用环境条件较差时，应增加保养次数，处理松动的电气连接点，修整烧伤的接触面，更换失去弹性的弹簧垫，拧紧各连接螺栓。

（8）更换易损件及不良的垫圈设备和元件。

（9）检修低压开关及接触器的触头和灭弧罩。

（10）检查接地是否可靠，拧紧接地螺栓。

（11）测量高、低压侧绕组的直流电阻。

（12）测量高、低压电气元件及二次回路的绝缘电阻。

### 11-99　更换高压熔断器的注意事项有哪些？

**答**：（1）熔断件更换时，应戴上干净的棉布手套（防止操作时手柄或熔断件受污染，影响绝缘性能）。

（2）旋下红色帽盖，将手柄、熔断件和接触件整体从熔断器底座内拔出，用清洁的棉布将熔断器底座内壁和手柄擦干净。

（3）用一字形螺钉旋具将手柄和熔断件的侧向锁紧螺钉松开，拔出需要更换的熔断件，更换新熔断件，并锁紧侧向锁紧螺钉。

（4）检查熔断器底座的内壁、手柄和熔断件，确保它的清洁，换然后将手柄、新熔断件和接触件按以下方法插入底座：一手托住熔断件中间部位偏向前端，一手握住手柄中段，将接触弹簧处对准底座孔缓慢插入，插入过程中应目测组合件中心轴与底座中心相对同轴，至另一端接触弹簧插入底座，并进入底座约 50mm 后，置地按住手柄顶端，沿底座轴心缓慢推进插入底座，至手柄内端面与抗 O 形密封圈接触。

（5）旋上红色帽盖。

### 11-100　使用熔断器的注意事项有哪些？

**答**：（1）当熔断件熔断后，应换上型号和尺寸等参数相同的新熔断件，切勿以其他器件代替。在更换熔断件时，发现熔断/合的熔管发黄或者熔断器绝缘筒内有气雾泄出，属于正常现象。

（2）更换熔断件时，一定要确保在不带电的条件下更换，熔断器不允许用来切换空载线路。

（3）对三相安装的熔断器，除非已肯定仅其中一只承担过故障电流，否则即使一只熔断器动作，其他两只均应更换。

（4）熔断器在使用前应储存在有保护的箱中，任何受过跌落的或者其他严重机械冲击的熔断器，在使用前应检查熔断器底座阻熔断件及金属部件和熔管有无损伤及是否清洁，熔断器支持件（底座）是否渗漏，并测量熔断件的电阻值。

### 11-101　操作高压负荷开关的注意事项有哪些？

**答**：（1）操作负荷开关时，必须使用绝缘操作杆进行操作。用绝缘操作杆钩住负荷开关的操作孔，并将绝缘操作杆的钩子收紧（切忌用钩子直接操作负荷开关，以免造成钩子损坏），确认完全套牢后，根据负荷开关的分合指示位置旋转操作杆，直到听到开关动作的声音。操作开关应迅速、准确、果断、有力。

（2）负荷开关只能切断变压器的正常工作电流，不能用于短路电流的切断。

（3）在低压主开关分断后再分断高压负荷开关，以免带负荷切换高压负荷开关时造成拉弧污染变压器油。

### 11-102 什么是接地变压器？

**答：** 接地变压器是通过人为制造一个中性点来连接接地装置的变压器。当系统发生接地故障时，对正序、负序电流呈高阻抗性，对零序电流呈低阻抗性，使接地保护可靠动作。

### 11-103 接地变压器的作用是什么？

**答：**（1）供给变电站使用低压交流电源。

（2）在低压侧形成人为的中性点，同接地电阻柜或消弧线圈相结合，用于发生接地时补偿接地电容电流，消除接地点电弧。

### 11-104 接地变压器的特点是什么？

**答：** 该变压器采用Z形接线（或称曲折形接线），与普通变压器的区别是每相线圈分别绕在两个磁柱上，这样连接的好处是零序磁通可沿磁柱流通，而普通变压器的零序磁通是沿着漏磁磁路流通的，所以Z形接地变压器的零序阻抗很小，而普通变压器的零序阻抗要比它大很多。

### 11-105 常用的中性点接地方式有哪几种？

**答：** 我国电力系统常用的中性点接地方式有中性点直接接地，中性点不接地，中性点经消弧线圈接地（谐振接地），中性点经电阻接地。

### 11-106 什么是中性点经电阻接地？有何作用？

**答：** 中性点经电阻接地就是在电网中性点与地之间串联接入一个电阻器。

适当选择所接电阻器的阻值，不仅可以泄放单相接地电弧后半波的能量，从而减小电弧重燃的可能性，抑制电网过电压的幅值，还可以提高继电保护装置的灵敏度以作用于跳闸，从而有效保证系统正常运行。

**11-107 什么是中性点经消弧线圈接地？有何作用？**

**答：**中性点经消弧线圈接地就是在电网中性点与地之间串联接入一消弧线圈。

消弧线圈的作用主要是对系统的电容电流加以补偿，使接地点电流补偿到较小的数值，防止弧光短路，保证安全供电，减小弧隙电压的恢复速度，增大弧隙绝缘强度，防止电弧重燃造成间歇性接地过电压。

**11-108 中性点经消弧线圈接地与经接地电阻柜接地有何区别？**

**答：**（1）电阻柜比消弧线圈好维护，造价较低。

（2）消弧线圈对设备的耐压等级要求比较高。

（3）发生单相接地故障时，消弧线圈可以带电运行2h，而电阻柜是立即跳闸。

（4）消弧线圈对通信的影响较小。

（5）电阻柜有利于消除电网的谐振。

**11-109 中性点装设消弧线圈补偿的方式有哪些？**

**答：**中性点装设消弧线圈补偿的方式有3种：完全补偿、欠补偿、过补偿。

**11-110 对调节消弧线圈分接开关时的要求有哪些？**

**答：**（1）系统有接地现象时不许操作。

（2）除有载可调消弧线圈外，调整消弧线圈分接头位置时，必须将消弧线圈退出运行，严禁非有载可调消弧线圈在带电运行状态下调整分接头。

**11-111 消弧线圈在发生哪些故障时应立即停用？**

**答：**消弧线圈有以下故障时应立即停用：温度或温升超极限、分接开关接触不良、接地不好、隔离开关接触不好。

**11-112 什么情况下，消弧线圈应通过停用变压器加以切除？**

**答：**严重漏油，油位计不见油位，且响声异常或有放电声，造成套管破裂、放电或接地，消弧线圈着火或冒烟。

**11-113 简述 SVC 无功功率补偿装置的构成。**

**答：**SVC 无功功率补偿装置一般由可调电抗（通过晶闸管单元或硅阀调节）、无源滤波，以及控制和保护系统组成。

**11-114 SVC 无功功率补偿装置分哪几种？各是何原理？**

**答：**SVC 无功功率补偿装置根据可调电感器的调节方式及工作原理的不同，可分为 TCR 型（晶闸管控制的电感器）、TSC 型（晶闸管控制的变压器）、MCR 型（磁控电感器）。

TCR 型 SVC 无功功率补偿装置是将集合式电容器组和相控电感器作为一个整体并联到电网中，通过晶闸管线性控制电感器来调节感性无功功率的容量，从而实现调节容性无功功率的目的。

TSC 型 SVC 无功功率补偿装置是通过晶闸管的导通和关断来实现电容器组的投入和切除，但无功功率调节的线性度和电容器组的分组数量很难兼顾。

MCR 型 SVC 无功功率补偿装置是将集合式电容器组和磁控电感器作为一个整体并联到电网中，通过改变磁控电感器的饱和程度来调节感性无功功率的容量，从而实现调节容性无功功率的目的。

MCR 型 SVC 无功功率补偿装置和 TCR 型 SVC 无功功率补偿装置在风电场升压站中运用得较普遍，TSC 型 SVC 无功功率补偿装置一般用于低压领域。

**11-115 简述 SVG 无功功率补偿装置的工作原理。**

**答：**SVG 无功功率补偿装置是当今无功功率补偿领域最新技术的代表，它是利用开关和大功率电力电子器件（如 IGBT）组成自换相桥式电路，经过电感器并联在电网上，相当于一个可控的无功电流源，适当地调节桥式电路交流侧输出电压的幅值和相位或者直接控制其交流侧电流，其无功电流可以快速地跟随负荷无功电流的变化而变化，自动补偿电网系统所需无功功率，对电网无功功率实现动态无级补偿。

### 11-116  为何母线失电压后要立刻拉开未跳闸的断路器？

**答：** 这主要是从防止事故扩大，便于事故处理，有利于恢复送电三方面综合考虑的。

（1）可以避免值班人员在处理停电事故或进行系统倒闸操作时，误向故障母线反送电，而使母线再次短路。

（2）为母线恢复送电做准备，可以避免母线恢复带电后，设备同时自启动，拖垮电源。另外，一路一路地试送电，比较容易判断是哪条线路发生了越级跳闸。

（3）可以迅速发现拒绝跳的断路器，为及时找到故障点提供重要线索。

### 11-117  什么是高压断路器？

**答：** 高压断路器又称高压开关，它不仅可以切断或闭合高压电路中的空载电流和负荷电流，而且当系统发生故障时，通过继电保护装置的作用，切断过负荷电流和短路电流。它具有相当完善的灭弧结构和足够的断流能力。

### 11-118  断路器的作用是什么？

**答：**（1）正常情况下，断路器用来开断和闭合空载电流和负荷电流。

（2）故障时，通过继电保护动作来断开故障电流，以确保电力系统安全运行。

（3）配合自动装置完成切除、合闸任务，提高供电可靠性。

### 11-119  高压断路器有哪些基本要求？

**答：**（1）工作可靠。

（2）具有足够的断路能力。

（3）具有尽可能短的切断时间。

（4）结构简单、价格低廉。

### 11-120  断路器操动机构有哪几种类型？

**答：**（1）手动操动机构（CS 系列）。

（2）电磁操动机构（CD 系列）。

（3）弹簧操动机构（CJ 系列）。

（4）气动操动机构（CQ 系列）。

（5）液压操动机构（CY 系列）。

**11-121　为什么断路器都要有缓冲装置？**

**答：**断路器分、合闸时，导电杆具有足够的分、合速度。但往往当导电杆运动到预定的分、合位置时，仍剩有很大的速度和动能，对机构及断路器有很大冲击。故需要缓冲装置以吸收执行机构动作后的剩余动能，使运动系统平稳。